Inhalt

1. Warum ist der Himmel blau? 6
2. Wie funktioniert ein Computer? 6
3. Warum müssen wir schlafen? 7
4. Woher kommen die Sterne? 7
5. Wie entsteht ein Regenbogen? 7
6. Warum wird es im Sommer warm und im Winter kalt? 8
7. Wie funktioniert eine Rakete? 9
8. Warum müssen wir Zähne putzen? 9
9. Wie entstehen Blitze? 10
10. Warum gibt es Tag und Nacht? 10
11. Wie entstehen Erdbeben? 11
12. Warum müssen wir essen? 11
13. Woher kommen die Wolken? 12
14. Warum können Vögel fliegen? 12
15. Wie funktioniert ein Telefon? 12
16. Warum gibt es Ebbe und Flut? 13
17. Wie entsteht Schnee? 13
18. Warum müssen wir atmen? 14
19. Woher kommt der Wind? 14
20. Wie funktioniert ein Fernseher? 15
21. Warum müssen wir trinken? 15
22. Woher kommen die Meere? 16

23. Warum gibt es Jahreszeiten? 16
24. Wie entstehen Wellen?..16
25. Warum müssen wir uns waschen? 17
26. Wie funktioniert ein Auto? 17
27. Woher kommen die Berge? 18
28. Warum können Fische unter Wasser atmen?............18
29. Wie entstehen Blumen?...19
30. Warum müssen wir uns die Hände waschen? 19
31. Woher kommt der Mond? 20
32. Warum können Bienen Honig machen? 20
33. Wie entsteht Feuer? 21
34. Warum müssen wir Kleidung tragen?......................21
35. Wie funktioniert ein Flugzeug? 22
36. Warum können Pflanzen wachsen? 22
37. Woher kommen die Wälder? 23
38. Warum können Katzen schnurren? 23
39. Wie entstehen Gewitter?..24
40. Warum müssen wir uns die Zähne putzen?..............24
41. Wie funktioniert eine Uhr? 25
42. Warum können Hunde so gut riechen? 25
43. Woher kommen die Sterne?.....................................26
44. Warum können Vögel singen? 26
45. Wie entsteht Nebel? 27
46. Warum müssen wir Sport treiben?...........................27

47. Wie funktioniert eine Kamera? 28

48. Warum können Eichhörnchen klettern? 28

49. Woher kommen die Ozeane? 29

50. Warum können Schmetterlinge fliegen? 29

51. Wie entsteht Donner? 30

52. Warum müssen wir lernen? 30

53. Wie funktioniert ein Fahrrad? 30

54. Warum können Spinnen Netze weben? 31

55. Woher kommen die Flüsse? 31

56. Warum können Elefanten so gut hören? 32

57. Wie entsteht Hitze? 32

58. Warum müssen wir Freunde haben? 33

59. Wie funktioniert eine Mikrowelle? 33

60. Warum können Delphine so gut schwimmen? 34

61. Woher kommen die Seen? 34

62. Warum können Kamele so lange ohne Wasser auskommen? 35

63. Wie entstehen Gewitterwolken? 35

64. Warum müssen wir unsere Umwelt schützen? 36

65. Wie funktioniert ein Aufzug? 37

66. Warum können Schlangen ihre Haut abwerfen? 37

67. Woher kommen die Vulkane? 38

68. Warum können Affen so gut klettern? 39

69. Wie entsteht Eis? 40

70. Warum müssen wir höflich sein?...............................41

71. Wie funktioniert ein Radio? 42

72. Warum können Fledermäuse in der Dunkelheit sehen?
....43

73. Woher kommen die Wüsten?....................................43

74. Warum können Chamäleons ihre Farbe ändern?......45

75. Wie entsteht Strom?..46

76. Warum müssen wir anderen helfen?........................48

77. Wie funktioniert ein Kompass? 49

78. Warum können Kängurus so weit springen? 50

79. Woher kommen die Inseln?......................................52

80. Warum können Eulen nachts sehen? 53

81. Wie entsteht Luft? 55

82. Warum müssen wir teilen? 56

83. Wie funktioniert eine Waschmaschine? 58

84. Warum können Ameisen so gut arbeiten? 60

85. Woher kommen die Gletscher?................................61

86. Warum können Hühner Eier legen?..........................63

87. Wie entstehen Gezeiten?..64

88. Warum müssen wir ehrlich sein?..............................65

89. Wie funktioniert ein Flugzeug? 66

90. Warum können Schmetterlinge ihre Flügel bewegen?
....68

91. Woher kommen die Wale? 69

92. Warum können Geparden so schnell rennen? 70

93. Wie entsteht Feuerwerk? 71

94. Warum müssen wir geduldig sein? 72

95. Wie funktioniert eine Brille? 73

96. Warum können Bäume so hoch wachsen? 75

97. Woher kommen die Polarlichter? 76

98. Warum können Adler so gut sehen? 78

99. Wie entsteht ein Tornado? 79

100. Warum müssen wir unsere Träume verfolgen? 81

1. Warum ist der Himmel blau?

Der Himmel erscheint blau aufgrund eines Phänomens namens Rayleigh-Streuung. Das Sonnenlicht besteht aus verschiedenen Farben des Lichtspektrums, die unterschiedliche Wellenlängen haben. Wenn das Sonnenlicht in die Erdatmosphäre eintritt, werden die blauen Lichtstrahlen stärker gestreut als die anderen Farben des Spektrums. Das liegt daran, dass die blauen Lichtwellen kürzer sind und mit den Molekülen in der Luft kollidieren, wodurch sie in alle Richtungen gestreut werden. Dies führt dazu, dass wir den Himmel als blau wahrnehmen.

2. Wie funktioniert ein Computer?

Ein Computer besteht aus mehreren Komponenten, darunter der Prozessor, der Speicher, die Eingabegeräte wie Tastatur und Maus sowie der Bildschirm. Der Prozessor ist das Gehirn des Computers und führt alle Berechnungen und Befehle aus. Der Speicher speichert Daten und Programme. Eingabegeräte ermöglichen es uns, Informationen einzugeben, und der Bildschirm zeigt uns die Ergebnisse an. Computer verarbeiten Informationen mithilfe von Binärzahlen, die aus Nullen und Einsen bestehen. Diese Zahlen werden durch die elektronischen Schaltungen im Inneren des Computers verarbeitet, um Aufgaben auszuführen, Programme auszuführen und Daten zu speichern.

3. Warum müssen wir schlafen?

Schlaf ist eine lebenswichtige Funktion für unseren Körper und unser Gehirn. Während des Schlafs regenerieren sich unsere Zellen, unser Immunsystem wird gestärkt und unsere Organe können sich erholen. Im Gehirn findet eine Konsolidierung von Gedächtnisinhalten statt, während unnötige Informationen aussortiert werden. Der Schlaf hilft auch, den Stoffwechsel zu regulieren und Hormone auszugleichen. Wenn wir nicht genug Schlaf bekommen, kann es zu Müdigkeit, Konzentrationsschwierigkeiten und anderen gesundheitlichen Problemen führen.

4. Woher kommen die Sterne?

Sterne entstehen in riesigen Gas- und Staubwolken, die als interstellare Wolken bezeichnet werden. Diese Wolken bestehen aus Gasen wie Wasserstoff und Helium sowie winzigen Staubpartikeln. Durch die Schwerkraft ziehen sich diese Wolken allmählich zusammen, wodurch Druck und Temperatur im Inneren zunehmen. Wenn die Temperatur hoch genug ist, beginnt der Prozess der Kernfusion, bei dem Wasserstoff zu Helium verschmilzt. Bei diesem Prozess wird eine immense Menge Energie in Form von Licht und Wärme freigesetzt, und ein neuer Stern wird geboren.

5. Wie entsteht ein Regenbogen?

Ein Regenbogen entsteht, wenn Sonnenlicht von Regentropfen in der Atmosphäre gebrochen und reflektiert wird. Das Sonnenlicht besteht aus verschiedenen Farben, die unterschiedliche Wellenlängen haben. Wenn das Licht in einen Regentropfen fällt, wird es gebrochen und reflektiert. Dabei wird das Licht in seine verschiedenen Farben aufgespalten und durch die Rückseite des Tropfens reflektiert. Wenn das Licht dann die Vorderseite des Tropfens verlässt, wird es erneut gebrochen und reflektiert. Dieses Phänomen nennt man Dispersion. Das reflektierte und gebrochene Licht erscheint dann für uns als ein bunter Bogen am Himmel - der Regenbogen.

6. Warum wird es im Sommer warm und im Winter kalt?

Die Jahreszeiten werden durch die Neigung der Erdachse verursacht. Die Erde ist um etwa 23,5 Grad geneigt, während sie die Sonne umkreist. Wenn eine Hemisphäre der Erde zur Sonne geneigt ist, erhält sie mehr direkte Sonnenstrahlung, was zu wärmeren Temperaturen führt. Das ist der Sommer. In dieser Zeit sind die Sonnenstrahlen steiler und erreichen die Erdoberfläche in einem kleineren Bereich, was zu einer größeren Konzentration von Energie führt. Im Winter hingegen ist die Hemisphäre von der Sonne weg geneigt, wodurch die Sonnenstrahlen schräger auf die Erdoberfläche treffen und sich die Wärme auf eine größere Fläche verteilt. Dadurch wird es kälter.

7. Wie funktioniert eine Rakete?

Eine Rakete nutzt das Prinzip des Rückstoßes, um sich fortzubewegen. Im Inneren der Rakete befindet sich Treibstoff, der mit einer Verbrennungskammer verbunden ist. Durch die Verbrennung des Treibstoffs entsteht ein sehr heißes Gas, das mit hoher Geschwindigkeit aus der Düse der Rakete ausgestoßen wird. Nach dem dritten Newtonschen Gesetz erzeugt das Ausstoßen des Gases eine Gegenkraft, die als Rückstoß bezeichnet wird. Diese Rückstoßkraft schiebt die Rakete nach vorne und ermöglicht ihr, sich im Weltraum fortzubewegen. Die Menge an Treibstoff und die Geschwindigkeit des Gasausstoßes beeinflussen die Leistung und Geschwindigkeit der Rakete.

8. Warum müssen wir Zähne putzen?

Zähneputzen ist wichtig, um unsere Zähne sauber und gesund zu halten. Wenn wir essen, bilden sich auf unseren Zähnen Plaque, eine klebrige Schicht aus Bakterien und Essensresten. Diese Plaque kann sich in Säuren umwandeln, die den Zahnschmelz angreifen und zu Karies führen können. Durch das regelmäßige Zähneputzen entfernen wir Plaque und Bakterien von den Zahnoberflächen, Zahnzwischenräumen und dem Zahnfleischrand. Dadurch wird das Risiko von Karies, Zahnfleischerkrankungen und Mundgeruch verringert.

9. Wie entstehen Blitze?

Blitze entstehen während eines Gewitters, wenn sich elektrische Ladungen in den Wolken und zwischen den Wolken und dem Boden aufladen. Innerhalb einer Gewitterwolke reiben sich die verschiedenen Arten von Eiskristallen und Wassertröpfchen aneinander und erzeugen dadurch elektrische Ladungen. Die negativen Ladungen sammeln sich in der unteren Region der Wolke an, während sich positive Ladungen in den oberen Regionen ansammeln. Wenn die elektrischen Spannungen groß genug werden, entlädt sich die elektrische Energie in Form eines Blitzes. Der Blitz ist eine gewaltige elektrische Entladung, die von den negativ geladenen Regionen in der Wolke zum Boden oder zwischen den Wolken stattfindet.

10. Warum gibt es Tag und Nacht?

Tag und Nacht entstehen aufgrund der Rotation der Erde um ihre eigene Achse. Die Erde dreht sich einmal in etwa 24 Stunden vollständig um sich selbst. Wenn eine Seite der Erde zur Sonne hingeneigt ist, erleben wir Tag, während auf der abgewandten Seite Nacht herrscht. Während der Tagzeit wird die beleuchtete Seite der Erde direkt von Sonnenlicht getroffen, wodurch es hell ist. Während der Nachtzeit ist diese Seite von der Sonne abgewandt, sodass kein direktes Sonnenlicht die Erdoberfläche erreicht und es dunkel wird. Der Zyklus von Tag und Nacht ermöglicht es den Menschen und anderen Lebewesen, einen regelmäßigen Schlaf-Wach-Rhythmus zu haben und den Wechsel zwischen Aktivität und Ruhe zu erleben.

11. Wie entstehen Erdbeben?

Erdbeben entstehen durch die Freisetzung von Energie in der Erdkruste. Die Erdoberfläche besteht aus verschiedenen tektonischen Platten, die langsam in Bewegung sind. An den Grenzen dieser Platten können Spannungen aufgebaut werden, wenn sie gegeneinander reiben oder sich auseinander bewegen. Wenn die aufgebaute Spannung einen kritischen Punkt erreicht, bricht die Erdkruste entlang einer Verwerfungslinie plötzlich, was zu einem Erdbeben führt. Die freigesetzte Energie breitet sich in Form von seismischen Wellen aus, die Erschütterungen und Schwingungen verursachen.

12. Warum müssen wir essen?

Wir müssen essen, um unserem Körper Energie und Nährstoffe zuzuführen. Nahrungsmittel enthalten Kohlenhydrate, Fette, Proteine, Vitamine und Mineralstoffe, die unser Körper benötigt, um seine Funktionen aufrechtzuerhalten. Kohlenhydrate liefern Energie, Fette dienen als Energiespeicher und schützen Organe, Proteine sind wichtig für den Aufbau von Gewebe, Vitamine und Mineralstoffe unterstützen verschiedene Körperfunktionen. Essen versorgt unseren Körper auch mit Wasser, das für Stoffwechselprozesse und die Aufrechterhaltung der Körpertemperatur wichtig ist.

13. Woher kommen die Wolken?

Wolken entstehen durch die Kondensation von Wasserdampf in der Atmosphäre. Wasser verdunstet ständig von der Erdoberfläche, einschließlich Ozeanen, Seen und Flüssen, sowie von Pflanzen durch den Prozess der Transpiration. Der Wasserdampf steigt in die Atmosphäre auf und kühlt sich in höheren Höhenlagen ab. Bei ausreichender Abkühlung kondensiert der Wasserdampf zu winzigen Wassertropfen oder Eiskristallen und bildet Wolken.

14. Warum können Vögel fliegen?

Vögel können fliegen, weil sie bestimmte Anpassungen an ihren Körpern und Flügeln haben. Ihre Flügel sind speziell geformt und haben Federn, die ihnen Auftrieb und aerodynamische Kontrolle verleihen. Durch den Flügelschlag erzeugen Vögel Auftrieb und können sich in der Luft halten. Ihre Hohlknochen verringern das Gewicht, während ihre starken Brustmuskeln die erforderliche Flügelkraft liefern. Die Fähigkeit zu fliegen ermöglicht es Vögeln, Nahrung zu finden, Raubtieren zu entkommen und große Entfernungen zu überwinden.

15. Wie funktioniert ein Telefon?

Ein Telefon funktioniert durch die Übertragung von Tönen und Sprache über elektrische Signale und Kommunikationsnetzwerke. Wenn wir sprechen, erzeugt unsere Stimme Schallwellen, die ein Mikrofon im Telefon in elektrische Signale umwandelt. Diese Signale werden in elektrische Impulse umgewandelt und über Kabel oder drahtlose Übertragung an das Telefonnetzwerk gesendet. Das Netzwerk leitet die Signale an das Zieltelefon weiter, wo sie wieder in Schallwellen umgewandelt und vom Lautsprecher wiedergegeben werden.

16. Warum gibt es Ebbe und Flut?

Ebbe und Flut werden durch die Anziehungskraft von Mond und Sonne auf das Wasser der Ozeane verursacht. Die Gravitationskräfte von Mond und Sonne erzeugen eine Gezeitenkraft, die das Wasser beeinflusst. Wenn der Mond über einem bestimmten Gebiet steht, zieht er das Wasser an und erzeugt eine Vorwölbung, die wir als Flut bezeichnen. Wenn der Mond an einer anderen Stelle steht, entsteht auf der gegenüberliegenden Seite eine weitere Vorwölbung, während das Wasser an der ursprünglichen Stelle zurückbleibt, was wir als Ebbe bezeichnen.

17. Wie entsteht Schnee?

Schnee entsteht, wenn Wassertropfen in der Atmosphäre zu Eispartikeln gefrieren. Dies geschieht in kalten Wolken, in denen die Temperatur unter den Gefrierpunkt fällt. Wenn die Luft gesättigt ist und es sogenannte Eiskeime gibt, können sich die Wassertropfen um die Eiskeime herum anlagern und zu Eispartikeln gefrieren. Diese Eispartikel wachsen durch weitere Kondensation von

Wasserdampf und kollidieren mit anderen Partikeln in der Wolke. Schließlich fallen die gewachsenen Eiskristalle als Schnee zur Erde.

18. Warum müssen wir atmen?

Atmen ist für unseren Körper lebensnotwendig, da dabei Sauerstoff aufgenommen und Kohlendioxid abgegeben wird. Sauerstoff ist für die Zellfunktionen und Energiegewinnung notwendig. Beim Atmen gelangt Luft durch die Nase oder den Mund in die Lunge. Dort findet ein Gasaustausch statt: Sauerstoff wird aus der Luft aufgenommen und ins Blut abgegeben, während Kohlendioxid aus dem Blut in die Luft abgegeben wird. Der Sauerstoff wird dann im Körper verteilt, um die Zellen mit Energie zu versorgen, und das Kohlendioxid wird als Abfallprodukt abtransportiert.

19. Woher kommt der Wind?

Der Wind entsteht durch Druckunterschiede in der Atmosphäre. Diese Druckunterschiede werden durch Temperaturunterschiede verursacht. Wenn sich Luft in einem Gebiet erwärmt, dehnt sie sich aus und wird leichter, wodurch der Druck abnimmt. In kälteren Gebieten sinkt die dichtere und kühlere Luft ab und erzeugt höheren Druck. Der Luftstrom bewegt sich von Gebieten mit höherem Druck zu Gebieten mit niedrigerem Druck, was wir als Wind wahrnehmen.

20. Wie funktioniert ein Fernseher?

Ein Fernseher funktioniert durch die Umwandlung elektrischer Signale in Bild und Ton. Das Bildsignal wird als elektrisches Signal von einer Quelle, wie einem Kabel- oder Satellitenempfänger oder einem Streaming-Gerät, an den Fernseher gesendet. Dieses Signal wird in Bildpunkte (Pixel) aufgeteilt und von der Bildröhre oder dem Bildschirm des Fernsehers angezeigt. Der Ton wird durch ein Audiosignal übertragen und von Lautsprechern wiedergegeben. Moderne Fernseher nutzen Flüssigkristallanzeigen (LCD), organische Leuchtdioden (OLED) oder andere Technologien, um Bilder darzustellen.

21. Warum müssen wir trinken?

Wir müssen trinken, um unseren Körper mit ausreichender Flüssigkeit zu versorgen. Wasser ist lebenswichtig für viele Körperfunktionen, einschließlich des Transportes von Nährstoffen, der Aufrechterhaltung der Körpertemperatur, der Ausscheidung von Abfallprodukten und der Schmierung von Gelenken. Wenn wir nicht genug trinken, können Dehydration und verschiedene Gesundheitsprobleme auftreten. Der genaue Flüssigkeitsbedarf variiert je nach Alter, Geschlecht, körperlicher Aktivität und Umgebungstemperatur.

22. Woher kommen die Meere?

Die Meere sind große Gewässer, die die Erdoberfläche bedecken. Sie entstanden vor Millionen von Jahren durch geologische Prozesse. Die Hauptquelle für das Wasser in den Meeren ist die Verdunstung von Ozeanen, Seen und Flüssen. Durch die Sonneneinstrahlung verdunstet das Wasser, steigt als Wasserdampf in die Atmosphäre auf und kondensiert zu Wolken. Wenn diese Wolken abkühlen, fällt der Niederschlag zurück in die Ozeane und bildet so den Wasserkreislauf.

23. Warum gibt es Jahreszeiten?

Die Jahreszeiten entstehen aufgrund der Neigung der Erdachse in Bezug auf ihre Umlaufbahn um die Sonne. Die Erde ist um etwa 23,5 Grad geneigt, wodurch sich die Sonnenstrahlen während des Jahres unterschiedlich auf der Erdoberfläche verteilen. Wenn die Nordhalbkugel im Sommer zur Sonne geneigt ist, sind die Sonnenstrahlen direkter und länger, was zu wärmeren Temperaturen führt. Im Winter ist die Nordhalbkugel von der Sonne weg geneigt, wodurch die Sonnenstrahlen weniger direkt und kürzer sind, was kühlere Temperaturen verursacht.

24. Wie entstehen Wellen?

Wellen entstehen durch die Übertragung von Energie durch ein Medium, in der Regel Wasser. Wind ist eine der Hauptursachen für die Bildung von Wellen auf dem Meer. Wenn der Wind über die Oberfläche eines Gewässers bläst, überträgt er Energie auf das Wasser und erzeugt Störungen. Diese Störungen breiten sich in Wellenform aus, wobei die Energie von Molekül zu Molekül übertragen wird. Die Größe und Form der Wellen hängen von der Stärke und Dauer des Windes ab.

25. Warum müssen wir uns waschen?

Wir müssen uns waschen, um unseren Körper sauber zu halten und uns von Schmutz, Bakterien und Gerüchen zu befreien. Durch das Waschen entfernen wir Schweiß, abgestorbene Hautzellen, Staub und andere Verunreinigungen von der Haut. Dies hilft, die Haut gesund zu halten und das Risiko von Infektionen zu reduzieren. Außerdem kann regelmäßiges Waschen das Wohlbefinden steigern und ein angenehmes Gefühl der Frische vermitteln.

26. Wie funktioniert ein Auto?

Ein Auto funktioniert durch die Umwandlung von Kraftstoff in mechanische Energie, die es ermöglicht, sich fortzubewegen. In den meisten modernen Autos wird Benzin oder Diesel als Kraftstoff verwendet. Der Kraftstoff wird in einem Verbrennungsmotor verbrannt, wodurch eine chemische Energie freigesetzt wird. Diese Energie wird in mechanische Energie umgewandelt, indem sie Kolben im Motor antreibt, die wiederum eine Kurbelwelle drehen. Die Kurbelwelle überträgt die Bewegung auf die

Räder des Autos, und so wird die Kraft in Bewegung umgewandelt.

27. Woher kommen die Berge?

Berge entstehen durch geologische Prozesse wie Plattentektonik, Vulkanausbrüche und Erosion. Die meisten Berge auf der Erde entstanden durch die Kollision von tektonischen Platten. Wenn zwei Platten zusammenstoßen, können sie sich falten, aufbauen und schieben, was zur Bildung von Gebirgsketten führt. Vulkanische Aktivitäten können auch Berge bilden, wenn Lava, Asche und Gesteinsmaterial aus dem Inneren der Erde an die Oberfläche gelangen und sich ansammeln. Im Laufe der Zeit kann die Erosion durch Wasser, Wind oder Gletscher die Berge weiter formen und ihre Form verändern.

28. Warum können Fische unter Wasser atmen?

Fische können unter Wasser atmen, da sie Kiemen haben, die es ihnen ermöglichen, den im Wasser gelösten Sauerstoff aufzunehmen. Fische nehmen durch den Mund Wasser auf und lassen es durch die Kiemen strömen. In den Kiemen befinden sich winzige Blutgefäße, die den Sauerstoff aus dem Wasser aufnehmen und Kohlendioxid abgeben. Der Sauerstoff wird dann in den Blutkreislauf aufgenommen und zu den Organen und Geweben transportiert, um Energie bereitzustellen. Dieser Vorgang ermöglicht es Fischen, unter Wasser zu atmen und zu überleben.

29. Wie entstehen Blumen?

Blumen entstehen durch den Prozess der Pflanzenbestäubung und Fortpflanzung. Pflanzen haben männliche und weibliche Fortpflanzungsorgane, die sich in den Blüten befinden. Der männliche Teil, die Staubblätter, produziert Pollen, der von Insekten, Wind oder anderen Tieren zu den weiblichen Teilen der Blüte, dem Fruchtknoten, getragen wird. Dort erfolgt die Befruchtung, wobei sich die Eizellen im Fruchtknoten mit dem Pollen vereinigen und Samen bilden. Die Blüte verwelkt und der Samen wird durch verschiedene Mechanismen verbreitet, um neue Pflanzen zu schaffen.

30. Warum müssen wir uns die Hände waschen?

Wir müssen uns die Hände waschen, um Keime zu entfernen und die Ausbreitung von Infektionen zu verhindern. Unsere Hände kommen ständig mit Oberflächen in Kontakt, die mit Bakterien, Viren und anderen Krankheitserregern kontaminiert sein können. Wenn wir uns dann ins Gesicht fassen oder Lebensmittel berühren, können diese Keime in unseren Körper gelangen und Krankheiten verursachen. Das Händewaschen mit Seife und Wasser hilft, die meisten dieser Keime zu entfernen und das Infektionsrisiko zu reduzieren. Es ist wichtig, sich die Hände gründlich für mindestens 20 Sekunden zu waschen, insbesondere vor dem Essen, nach dem Toilettengang und nach Kontakt mit kranken Menschen.

31. Woher kommt der Mond?

Der Mond entstand vor etwa 4,5 Milliarden Jahren als Ergebnis einer Kollision zwischen der Erde und einem anderen Himmelskörper von etwa der Größe des Mars. Bei dieser Kollision wurde eine große Menge Material ausgestoßen, das sich später zu unserem Mond formte. Der Mond umkreist die Erde in einer elliptischen Umlaufbahn und hat einen Durchmesser von etwa einem Viertel des Durchmessers der Erde.

32. Warum können Bienen Honig machen?

Bienen können Honig machen, weil sie Nektar von Blüten sammeln und in ihren Honigmagen speichern. Wenn eine Biene Nektar aufnimmt, wird er mit speziellen Enzymen vermischt. Diese Enzyme wandeln den Nektar in Zucker um und brechen ihn in einfachere Bestandteile auf. Sobald die Biene den Nektar in den Bienenstock bringt, regurgitiert (erbricht) sie ihn für andere Bienen. Die Bienen im Bienenstock reduzieren dann den Wassergehalt des Nektars, indem sie ihn belüften und abkühlen. Der überschüssige Wassergehalt verdunstet, und der konzentrierte Nektar verwandelt sich schließlich in Honig.

33. Wie entsteht Feuer?

Feuer entsteht durch eine chemische Reaktion, die als Verbrennung bezeichnet wird. Um Feuer zu erzeugen, benötigt man drei Hauptkomponenten: Brennstoff, Sauerstoff und Wärme. Brennbare Materialien wie Holz, Papier oder Benzin dienen als Brennstoffe. Sauerstoff ist in der Luft vorhanden. Wenn diese Materialien erhitzt werden und ihre Zündtemperatur erreichen, beginnen sie zu oxidieren und mit dem Sauerstoff zu reagieren. Dies setzt Wärme, Licht und die charakteristische Flamme frei, die wir als Feuer sehen.

34. Warum müssen wir Kleidung tragen?

Wir tragen Kleidung aus verschiedenen Gründen. Einer der wichtigsten Gründe ist der Schutz vor den Elementen. Kleidung hilft uns, uns vor Kälte, Hitze, Wind und Regen zu schützen. Durch die richtige Kleidung können wir unsere Körpertemperatur regulieren und uns vor extremen Wetterbedingungen schützen. Darüber hinaus dient Kleidung auch sozialen Zwecken und ermöglicht es uns, unsere Persönlichkeit auszudrücken, uns in bestimmten Situationen angemessen zu kleiden und unsere kulturelle Identität zu zeigen.

35. Wie funktioniert ein Flugzeug?

Ein Flugzeug fliegt aufgrund des Prinzips der Aerodynamik. Die Form der Flugzeugflügel, auch Tragflächen genannt, erzeugt durch den Vorbeiflug an Luftströmungen Auftrieb. Die Flügel sind an der Oberseite stärker gewölbt als an der Unterseite, was den Luftstrom über den Flügel beschleunigt und einen geringeren Druck erzeugt. Dies erzeugt einen Auftrieb, der das Flugzeug in der Luft hält. Durch den Einsatz von Triebwerken wird Schub erzeugt, der das Flugzeug vorwärtsbewegt. Steuerflächen wie Querruder, Höhenruder und Seitenruder ermöglichen die Kontrolle über die Richtung und Bewegung des Flugzeugs.

36. Warum können Pflanzen wachsen?

Pflanzen können wachsen, weil sie in der Lage sind, durch Photosynthese Energie aus Sonnenlicht zu gewinnen und diese in chemische Energie umzuwandeln. Durch die Photosynthese nehmen Pflanzen Kohlendioxid aus der Luft auf und Wasser aus dem Boden. Mit Hilfe von Chlorophyll in ihren Blättern und Sonnenlicht wandeln sie diese Bestandteile in Glukose und Sauerstoff um. Die Glukose dient als Energiequelle für das Pflanzenwachstum und ermöglicht es ihnen, neue Zellen zu bilden, Wurzeln, Stängel und Blätter zu entwickeln sowie Früchte oder Blüten zu produzieren.

37. Woher kommen die Wälder?

Wälder entstehen aus Samen von Bäumen und anderen Pflanzenarten, die in geeigneten Umgebungen keimen und wachsen. Ein wichtiger Faktor für das Wachstum eines Waldes ist das Vorhandensein von ausreichendem Wasser, Sonnenlicht und fruchtbarem Boden. In vielen Fällen beginnt ein Wald als sogenannter Pionierwald, der sich auf kahlen oder gestörten Flächen wie nach Bränden oder Rodungen entwickelt. Pflanzen wachsen und vermehren sich, und im Laufe der Zeit entsteht ein dichterer und vielfältiger Wald mit verschiedenen Baumarten, Sträuchern, Gräsern und anderen Pflanzen.

38. Warum können Katzen schnurren?

Das Schnurren von Katzen ist ein faszinierendes Phänomen. Es wird angenommen, dass Katzen schnurren, indem sie ihre Stimmbänder benutzen, um einen kontinuierlichen Vibrationsklang zu erzeugen. Dieser Klang entsteht, wenn die Muskeln in der Kehle der Katze rhythmisch zusammenziehen und entspannen. Das Schnurren kann verschiedene Bedeutungen haben, wie Entspannung, Zufriedenheit oder Kommunikation mit ihren Besitzern. Es wird auch angenommen, dass das Schnurren der Katzen einen beruhigenden Effekt auf sie selbst hat und ihnen hilft, Stress abzubauen.

39. Wie entstehen Gewitter?

Gewitter entstehen durch komplexe meteorologische Phänomene. In der Regel entstehen Gewitter, wenn warme, feuchte Luftmassen aufsteigen und auf kalte Luftschichten treffen. Dies führt zu einer starken Konvektion, bei der die aufsteigende Luft schnell abkühlt und kondensiert. Dadurch bilden sich Wolken, die mit elektrischer Ladung aufgeladen werden. Die Ladungsunterschiede innerhalb der Wolken oder zwischen den Wolken und der Erdoberfläche erzeugen Blitze, die von einer Wolke zur anderen oder zur Erde führen. Begleitet von Blitzen treten auch starke Winde, Regen, Donner und manchmal Hagel auf.

40. Warum müssen wir uns die Zähne putzen?

Das regelmäßige Zähneputzen ist wichtig, um unsere Zähne und unser Zahnfleisch gesund zu halten. Wenn wir essen, bilden sich Bakterien und Plaque auf unseren Zähnen. Diese Bakterien produzieren Säuren, die den Zahnschmelz angreifen und zu Karies führen können. Durch das Zähneputzen werden diese Bakterien und Plaque entfernt, und die Säureproduktion wird reduziert. Außerdem massiert das Putzen des Zahnfleisches das Gewebe und fördert die Durchblutung, was zur Gesunderhaltung des Zahnfleisches beiträgt. Das Zähneputzen zweimal täglich, morgens und abends, mit fluoridhaltiger Zahnpasta ist eine effektive Methode, um Karies vorzubeugen und die Mundgesundheit zu erhalten.

41. Wie funktioniert eine Uhr?

Eine Uhr funktioniert auf unterschiedliche Weise, abhängig von ihrer Art. Eine mechanische Uhr besteht aus einem Mechanismus, der die Energie aus einer Feder nutzt, um die Uhr zum Laufen zu bringen. Die Feder wird aufgezogen und treibt eine Reihe von Zahnrädern an, die miteinander verbunden sind. Diese Zahnräder übertragen die Energie und bewegen die Zeiger, die die Stunden, Minuten und manchmal auch Sekunden anzeigen.

42. Warum können Hunde so gut riechen?

Hunde haben einen außergewöhnlich guten Geruchssinn, der etwa 10.000 bis 100.000 Mal empfindlicher ist als der von Menschen. Dies liegt an der Anzahl und Vielfalt der Riechzellen in ihrer Nase. Hunde haben auch eine zusätzliche Riechstruktur, das Jacobsonsche Organ, das ihnen ermöglicht, chemische Signale genauer wahrzunehmen. Ihr Gehirn ist speziell darauf ausgelegt, Gerüche zu verarbeiten und zu analysieren. Hunde können Gerüche unterscheiden, verfolgen und sogar Krankheiten oder vermisste Personen aufspüren.

43. Woher kommen die Sterne?

Sterne entstehen in sogenannten stellaren Geburtsstätten, die als Nebel bezeichnet werden. In diesen Nebeln, die aus Staub und Gas bestehen, beginnen sich Gravitationskräfte zu konzentrieren und Materie anzuziehen. Wenn genügend Materie zusammenkommt, erhöht sich der Druck und die Temperatur im Kern der sich bildenden Sterne. Dadurch entsteht eine Kernfusion, bei der Wasserstoff zu Helium umgewandelt wird und dabei Energie in Form von Licht und Wärme freisetzt. Die Sterne bleiben während ihres Lebens im Gleichgewicht zwischen der Schwerkraft, die sie zusammenhält, und dem Druck und der Hitze, die durch die Fusion erzeugt werden.

44. Warum können Vögel singen?

Vögel singen aus verschiedenen Gründen, darunter Kommunikation, Reviermarkierung und Partneranwerbung. Der Gesang der Vögel wird von speziellen Muskelstrukturen in ihrem Kehlkopf erzeugt. Diese Muskelstrukturen, die als Syrinx bezeichnet werden, ermöglichen es den Vögeln, komplexe Töne zu erzeugen und unterschiedliche Melodien und Rufe hervorzubringen. Viele Vogelarten erlernen ihre Gesänge, indem sie die Lieder anderer Vögel imitieren und sie an ihre Umgebung anpassen.

45. Wie entsteht Nebel?

Nebel entsteht, wenn feuchte Luft abkühlt und der Wasserdampf in der Luft kondensiert, wodurch winzige Wassertropfen oder Eiskristalle entstehen. Dieser Prozess tritt auf, wenn warme, feuchte Luft auf kältere Oberflächen oder Luftschichten trifft. Die Abkühlung kann durch verschiedene Faktoren wie nächtliche Ausstrahlung, kalten Wind oder den Kontakt mit kühlerem Wasser verursacht werden. Wenn die Luft gesättigt ist und die Feuchtigkeit kondensiert, bildet sich Nebel, der die Sicht beeinträchtigen kann.

46. Warum müssen wir Sport treiben?

Sport ist wichtig für unsere körperliche Gesundheit und unser Wohlbefinden. Durch regelmäßige körperliche Aktivität verbessern wir unsere Ausdauer, Kraft und Flexibilität. Sport trägt zur Stärkung der Muskeln und Knochen bei, verbessert die Herz-Kreislauf-Funktion und hilft bei der Aufrechterhaltung eines gesunden Körpergewichts. Außerdem fördert Sport die Freisetzung von Endorphinen, sogenannten "Glückshormonen", die unser Stimmungsniveau heben und Stress reduzieren können. Durch Sport können wir auch soziale Kontakte knüpfen, neue Fähigkeiten erlernen und unsere Konzentrationsfähigkeit verbessern.

47. Wie funktioniert eine Kamera?

Eine Kamera erfasst Licht und wandelt es in ein Bild um. In einer herkömmlichen Kamera wird Licht durch eine Linse auf einen lichtempfindlichen Sensor gerichtet. Der Sensor besteht aus einer Anordnung von Millionen kleiner Bildpunkte, sogenannter Pixel. Jeder Pixel erfasst die Lichtmenge, die darauf fällt, und wandelt sie in elektrische Signale um. Diese Signale werden dann vom Bildprozessor der Kamera verarbeitet und in ein digitales Bild umgewandelt. Bei analogen Kameras wird anstelle eines Sensors ein lichtempfindlicher Film verwendet, der das Licht chemisch aufzeichnet.

48. Warum können Eichhörnchen klettern?

Eichhörnchen können klettern, weil sie über spezielle Anpassungen verfügen, die ihnen dabei helfen. Ihre Füße haben scharfe Krallen, die ihnen beim Greifen und Klettern helfen. Außerdem haben sie kräftige Hinterbeine, die es ihnen ermöglichen, große Sprünge zu machen. Eichhörnchen besitzen auch eine flexible Wirbelsäule, die ihnen erlaubt, sich leicht an verschiedene Oberflächen anzupassen. Ihre Körper sind schlank und leicht, was ihnen ermöglicht, sich geschickt an Bäumen und anderen vertikalen Strukturen entlangzubewegen.

49. Woher kommen die Ozeane?

Die Ozeane entstanden vor Millionen von Jahren durch geologische Prozesse. Der Hauptursprung der Ozeane liegt in der Akkretion von Wasserstoff und Sauerstoff während der Entstehung der Erde. Während der geologischen Zeit wurden die Ozeane durch Niederschläge und das Abschmelzen von Gletschern und Eisfeldern weiter mit Wasser gefüllt. Durch diese Prozesse sammelte sich das Wasser in den tiefen Senken der Erdkruste und bildete die Ozeane, wie wir sie heute kennen.

50. Warum können Schmetterlinge fliegen?

Schmetterlinge können fliegen, weil ihre Flügelstruktur und ihre Flugmuskulatur ihnen diese Fähigkeit ermöglichen. Die Flügel eines Schmetterlings bestehen aus einer dünnen, aber stabilen Membran, die von einem feinen Skelett aus Chitin gestützt wird. Dieses Skelett verleiht den Flügeln Stabilität und ermöglicht es dem Schmetterling, große Flügelbewegungen auszuführen. Die Flugmuskulatur des Schmetterlings ist auch sehr stark und effizient. Indem sie ihre Flügel schnell auf- und ab bewegen, erzeugen Schmetterlinge ausreichend Auftrieb, um in der Luft zu bleiben und zu fliegen.

51. Wie entsteht Donner?

Donner entsteht während eines Gewitters, wenn ein Blitz durch die Luft zuckt und die umgebende Luft stark erhitzt. Dieses Aufheizen führt dazu, dass sich die Luft rapide ausdehnt und eine Schockwelle erzeugt, die als Donner wahrgenommen wird. Der Donner ist das Geräusch, das durch die rasche Ausbreitung dieser Schockwelle entsteht. Da Licht sich schneller als Schall ausbreitet, können wir den Blitz zuerst sehen und den Donner einige Sekunden später hören, je nach Entfernung zum Gewitter.

52. Warum müssen wir lernen?

Lernen ist ein lebenslanger Prozess, der uns ermöglicht, Wissen, Fähigkeiten und Erfahrungen zu sammeln. Durch Lernen können wir uns weiterentwickeln, neue Aufgaben bewältigen und unsere geistige Flexibilität verbessern. Es ermöglicht uns, uns in unserer Umgebung zurechtzufinden, Probleme zu lösen, kritisches Denken zu entwickeln und neue Perspektiven zu gewinnen. Lernen eröffnet uns auch neue Möglichkeiten, erweitert unseren Horizont und fördert persönliches Wachstum und Erfolg.

53. Wie funktioniert ein Fahrrad?

Ein Fahrrad besteht aus mehreren Komponenten, die zusammenarbeiten, um seine Funktionalität zu ermöglichen. Die Tretkraft des Fahrers wird über die Pedale auf eine Kette übertragen, die mit dem Hinterrad verbunden ist. Beim Treten der Pedale wird die Kette über ein Zahnradsystem auf das Hinterrad übertragen, wodurch das Hinterrad sich dreht und das Fahrrad vorwärtsbewegt. Lenker und Vordergabel ermöglichen dem Fahrer die Steuerung des Fahrrads, während Bremsen dazu dienen, die Geschwindigkeit zu kontrollieren und das Fahrrad anzuhalten.

54. Warum können Spinnen Netze weben?

Spinnen sind in der Lage, Netze zu weben, weil sie spezielle Drüsen haben, die Seidenfäden produzieren. Diese Drüsen befinden sich in ihrem Hinterleib und erzeugen eine klebrige Substanz, die sie durch Spinnwarzen in den Fäden formen können. Indem sie ihre Beine und Spinnwarzen verwenden, können Spinnen komplexe Netze konstruieren, um Beute zu fangen und sich vor Feinden zu schützen. Spinnenweben sind sehr stark und flexibel, was es den Spinnen ermöglicht, erfolgreich zu jagen und zu überleben.

55. Woher kommen die Flüsse?

Flüsse entstehen aus verschiedenen Quellen, wie Schmelzwasser von Gletschern, Quellen oder dem Zusammenfluss mehrerer kleinerer Bäche oder Flüsse. Flüsse werden durch den kontinuierlichen Fluss von Wasser gespeist, der von höheren zu tieferen geografischen Gebieten fließt. Das Wasser sammelt sich in Bächen und Flüssen und bildet ein Flusssystem, das in den meisten Fällen in das Meer, einen See oder ein anderes Gewässer mündet.

56. Warum können Elefanten so gut hören?

Elefanten haben ein außergewöhnlich gutes Gehör, das ihnen hilft, ihre Umgebung wahrzunehmen und zu kommunizieren. Sie haben große, bewegliche Ohren, die Schallwellen effizient einfangen können. Das äußere Ohr des Elefanten enthält viele Muskeln, die es ihm ermöglichen, die Richtung der Schallquelle zu bestimmen. Die Schallwellen werden dann durch das Ohr zum Innenohr geleitet, wo sie von spezialisierten Strukturen aufgenommen und verarbeitet werden. Elefanten können durch ihre hervorragende Hörleistung Kommunikationssignale von Artgenossen wahrnehmen, auch über große Entfernungen hinweg.

57. Wie entsteht Hitze?

Hitze entsteht durch die Bewegung von Atomen und Molekülen. Wenn Atome und Moleküle sich bewegen, stoßen sie zusammen und übertragen ihre kinetische Energie aufeinander. Je schneller die Teilchen sich bewegen, desto höher ist die Temperatur und desto mehr Hitze wird erzeugt. Die Wärmeenergie kann durch verschiedene Prozesse erzeugt werden, wie zum Beispiel durch Verbrennung, Reibung oder Kernreaktionen. Hitze kann auch durch Sonnenstrahlung auf der Erdoberfläche erzeugt werden, indem die Sonnenstrahlen von der Oberfläche absorbiert werden und diese sich erwärmt.

58. Warum müssen wir Freunde haben?

Freundschaften sind wichtig für unser soziales Wohlbefinden und unsere emotionale Gesundheit. Durch Freundschaften können wir Liebe, Unterstützung und Freude erleben. Freunde bieten uns ein soziales Netzwerk, in dem wir uns ausdrücken, teilen und wachsen können. Sie unterstützen uns in schwierigen Zeiten, geben uns Ratschläge, helfen uns bei der Problemlösung und bieten uns eine unterstützende Umgebung. Freunde ermöglichen uns auch, neue Erfahrungen zu machen, verschiedene Perspektiven kennenzulernen und unsere sozialen Fähigkeiten zu entwickeln.

59. Wie funktioniert eine Mikrowelle?

Eine Mikrowelle erzeugt elektromagnetische Wellen, die als Mikrowellen bezeichnet werden. Diese Mikrowellen werden von einem Magnetrondurchlauf erzeugt, der in der Mikrowelle eingebaut ist. Die Mikrowellen werden dann in den Garraum der Mikrowelle geleitet, wo sie auf die Lebensmittel treffen. Die Mikrowellen sind in der Lage, die Wassermoleküle in den Lebensmitteln in Schwingungen zu versetzen. Durch diese Schwingungen entsteht Wärme, die die Lebensmittel von innen nach außen erhitzt. Mikrowellenöfen sind so konstruiert, dass sie die Mikrowellen sicher im Inneren des Geräts halten und keine Auswirkungen auf den Benutzer haben.

60. Warum können Delphine so gut schwimmen?

Delphine sind hervorragende Schwimmer, weil sie über spezielle Anpassungen an ihren Körpern und Flossen verfügen. Ihr Körper ist schlank und strömungsgünstig geformt, was es ihnen ermöglicht, mit geringem Widerstand durch das Wasser zu gleiten. Ihre Rückenflosse und ihre seitlichen Flossen dienen der Stabilisierung und Lenkung. Delphine haben auch eine kräftige Schwanzflosse, die als Fluke bezeichnet wird und ihnen ermöglicht, sich mit hoher Geschwindigkeit fortzubewegen. Ihre Muskulatur ist gut entwickelt, was ihnen Kraft und Ausdauer verleiht. Darüber hinaus sind Delphine sehr wendig und können ihre Bewegungen präzise steuern, was ihnen beim Schwimmen und Manövrieren hilft.

61. Woher kommen die Seen?

Seen entstehen auf verschiedene Weisen. Einige Seen sind durch das Schmelzen von Gletschern entstanden. Wenn Gletscher schmelzen, füllen sich die abgetauten Bereiche mit Wasser und bilden Seen. Andere Seen sind durch geologische Prozesse entstanden, wie zum Beispiel durch Absenkungen der Erdkruste oder durch tektonische Aktivitäten, die Risse oder Spalten in der Erdkruste verursachen. Diese Risse können dann mit Wasser gefüllt werden und Seen bilden. Es gibt auch Seen, die durch Flüsse oder Bäche gespeist werden, indem sie Wasser aus höher gelegenen Gebieten sammeln und es in den See leiten.

62. Warum können Kamele so lange ohne Wasser auskommen?

Kamele sind hervorragend an das Leben in trockenen und heißen Wüstenregionen angepasst. Sie können lange Zeit ohne Wasser auskommen, da ihr Körper spezielle physiologische Merkmale aufweist. Kamele haben die Fähigkeit, große Mengen Wasser auf einmal zu trinken und in ihrem Körper zu speichern. Ihr Magen ist in der Lage, bis zu 100 Liter Wasser aufzunehmen und zu halten. Zudem haben sie die Fähigkeit, Wasser durch ihren Urin und ihre Kotausscheidung zu konservieren. Durch diese Anpassungen können Kamele ihren Wasserhaushalt effizient regulieren und das aufgenommene Wasser für längere Zeit nutzen.

63. Wie entstehen Gewitterwolken?

Gewitterwolken, auch Kumulonimbus-Wolken genannt, entstehen durch starke Aufwinde in der Atmosphäre. Diese Aufwinde können durch verschiedene Faktoren ausgelöst werden, wie zum Beispiel durch die Erwärmung der Luft durch die Sonne oder durch den Zusammenprall von warmen und kalten Luftmassen. Wenn die warme, feuchte Luft schnell aufsteigt, kühlt sie in höheren Atmosphärenschichten ab, und der darin enthaltene Wasserdampf kondensiert zu kleinen Wassertropfen oder Eiskristallen. Diese Kondensation führt zur Bildung von Gewitterwolken. In diesen Wolken werden dann elektrische Ladungen erzeugt, die zu Blitzentladungen führen und das charakteristische Gewitterwetter verursachen.

64. Warum müssen wir unsere Umwelt schützen?

Es ist wichtig, unsere Umwelt zu schützen, um die Lebensgrundlagen für uns und zukünftige Generationen zu erhalten. Die Umwelt liefert uns saubere Luft zum Atmen, frisches Wasser zum Trinken, fruchtbaren Boden für die Landwirtschaft und eine Vielzahl von Ökosystemen, die Lebensräume für Pflanzen und Tiere bieten. Durch den Schutz der Umwelt können wir den Verlust von Biodiversität verhindern, den Klimawandel bekämpfen, die Verschmutzung reduzieren und die natürlichen Ressourcen nachhaltig nutzen. Indem wir unsere Umwelt schützen, tragen wir zur Erhaltung der natürlichen Schönheit und Vielfalt bei und schaffen eine gesündere und nachhaltigere Zukunft für alle Lebewesen auf der Erde.

65. Wie funktioniert ein Aufzug?

Ein Aufzug besteht aus einer Kabine, die sich in einem Schacht nach oben und unten bewegen kann. Die Kabine wird von einem Motor angetrieben, der mit Hilfe eines Seilsystems arbeitet. Das Seil ist an der Kabine befestigt und verläuft über eine Umlenkrolle an der Spitze des Schachts. Der Motor zieht das Seil hoch oder lässt es nach unten, um die Kabine zu bewegen. Der Aufzug verfügt auch über eine Steuerungseinheit, die die Position der Kabine erfasst und die Fahrt stoppt, wenn sie das gewünschte Stockwerk erreicht hat. Sensoren an den Türen sorgen dafür, dass die Türen nur geöffnet werden, wenn die Kabine auf der richtigen Höhe ist und es sicher ist einzusteigen oder auszusteigen. Moderne Aufzüge sind mit Sicherheitsvorrichtungen wie Notbremsen und Überlastsensoren ausgestattet, um die Sicherheit der Passagiere zu gewährleisten. Der Aufzug wird von einem Aufzugstechniker gewartet und regelmäßig überprüft, um sicherzustellen, dass er ordnungsgemäß funktioniert und den Sicherheitsstandards entspricht.

66. Warum können Schlangen ihre Haut abwerfen?

Schlangen können ihre Haut abwerfen, um zu wachsen und ihre Haut zu erneuern. Der Prozess des Hautabwurfs wird als Häutung bezeichnet. Im Laufe der Zeit wächst die Schlange, während ihre Haut nicht mitwächst. Um dieses Problem zu lösen, häuten sich Schlangen regelmäßig. Der Häutungsprozess beginnt damit, dass die Schlange eine spezielle Flüssigkeit absondert, die zwischen ihrer alten Haut und ihrer neuen Hautschicht wirkt. Dadurch wird die Verbindung zwischen den beiden Schichten gelöst. Anschließend reibt sich die Schlange an rauen Oberflächen oder zieht ihre Haut über Hindernisse wie Felsen oder Äste, um die alte Haut abzustreifen. Während der Häutung verliert die Schlange ihre alte Haut vollständig, einschließlich der Augenklappe und der Schuppen. Unter der alten Haut befindet sich eine neue, weiche Hautschicht, die im Laufe der Zeit aushärtet und sich in eine feste, schützende Schicht verwandelt. Dieser Vorgang ermöglicht es der Schlange, ihre Haut zu erneuern und ihr Wachstum fortzusetzen.

67. Woher kommen die Vulkane?

Vulkane entstehen in der Regel in der Nähe von tektonischen Plattenrändern, wo sich die Erdkruste auseinander bewegt, kollidiert oder sich gegeneinander schiebt. Die Erde besteht aus verschiedenen tektonischen Platten, die auf dem darunterliegenden flüssigen Mantel schwimmen. An den Grenzen dieser Platten kommt es zu geologischen Aktivitäten, die zur Entstehung von Vulkanen führen können. Es gibt verschiedene Arten von Vulkanen, darunter Schichtvulkane, Schildvulkane und Spaltenvulkane. Schichtvulkane entstehen, wenn sich Magma (flüssiges Gestein) an der Erdoberfläche ansammelt und sich langsam Schicht für Schicht aufbaut. Schildvulkane entstehen, wenn flüssiges Magma dünnflüssig ist und sich weitläufig ausbreitet. Spaltenvulkane bilden sich entlang von Rissen in der

Erdkruste, wo Magma an die Oberfläche aufsteigt. Das Magma, das aus dem Erdinneren aufsteigt, enthält Gase und andere Materialien. Wenn der Druck des Magmas zunimmt und es an die Oberfläche gelangt, entweichen die Gase, und das Magma kann als Lava aus dem Vulkan fließen. Dadurch entsteht ein Vulkankegel oder eine Vulkaninsel, je nachdem, ob der Vulkan über oder unter dem Meeresspiegel liegt.

68. Warum können Affen so gut klettern?

Affen sind hervorragende Kletterer aufgrund ihrer körperlichen Merkmale und ihrer Anpassungen an das Leben in den Bäumen. Ihre Hände und Füße sind speziell angepasst, um sich an Ästen und anderen Strukturen festzuhalten. Ihre Finger und Zehen haben kräftige Greiffunktionen und opponierbare Daumen, was bedeutet, dass sie ihre Finger gegenüber den anderen Fingern bewegen können. Dies ermöglicht es ihnen, Äste zu umgreifen und sich sicher fortzubewegen. Affen haben auch eine ausgeprägte Muskulatur in ihren Armen, Schultern und Beinen, die ihnen die nötige Kraft verleiht, um sich von Ast zu Ast zu schwingen und zu klettern. Sie haben auch eine ausgezeichnete Balance und Koordination, die es ihnen ermöglicht, sich geschickt durch die Bäume zu bewegen. Darüber hinaus haben Affen eine hohe Körperbeweglichkeit und Flexibilität, die es ihnen erlaubt, sich in unterschiedlichen Positionen zu bewegen und an verschiedene Umgebungen anzupassen. Diese Kombination aus physischen Eigenschaften und

Fähigkeiten ermöglicht es den Affen, sicher und geschickt in den Bäumen zu klettern und sich fortzubewegen.

69. Wie entsteht Eis?

Eis entsteht, wenn Wasser in den flüssigen Zustand unter den Gefrierpunkt abgekühlt wird. Wasser besteht aus winzigen Molekülen, die ständig in Bewegung sind. Wenn die Temperatur sinkt, verlangsamen sich die Bewegungen der Moleküle, und sie nähern sich einander an. Wenn die Temperatur den Gefrierpunkt von Wasser erreicht (0 Grad Celsius oder 32 Grad Fahrenheit), beginnen die Wassermoleküle sich langsam zu ordnen und sich zu verbinden. Sie bilden eine kristalline Struktur, in der die Moleküle in regelmäßigen Mustern angeordnet sind. Diese Muster bilden die charakteristische sechseckige Form von Eiskristallen. Während des Gefrierprozesses werden weitere Wassermoleküle in die kristalline Struktur eingebunden, und das Eis wächst. Die Wassermoleküle bleiben in einem festen Zustand, da sie durch die Anziehungskräfte zwischen den Molekülen zusammengehalten werden. Die Art und Weise, wie Eis aussieht, hängt von den Bedingungen ab, unter denen es gebildet wird. In natürlichen Umgebungen bildet sich Eis normalerweise als Eiskristalle oder Eisschichten auf Oberflächen wie Seen, Flüssen oder Gletschern. In Haushalten wird Eis oft in Gefriergeräten oder durch das Einfrieren von Wasser in Eiswürfelformen hergestellt.

70. Warum müssen wir höflich sein?

Höflichkeit ist eine wichtige soziale Norm, die dazu dient, Respekt, Freundlichkeit und Rücksichtnahme gegenüber anderen Menschen auszudrücken. Indem wir höflich sind, tragen wir dazu bei, eine positive und angenehme Atmosphäre in unseren Beziehungen und Interaktionen zu schaffen. Höflichkeit zeigt auch unsere Wertschätzung für andere Menschen. Indem wir höflich sind, signalisieren wir, dass wir ihre Gefühle, Bedürfnisse und Rechte respektieren. Es ist eine Möglichkeit, Empathie und Mitgefühl auszudrücken und eine positive Beziehung zu anderen aufzubauen.

Darüber hinaus fördert Höflichkeit die soziale Zusammenarbeit und das gegenseitige Verständnis. Wenn wir höflich sind, erleichtern wir die Kommunikation und den Austausch von Ideen. Höflichkeit kann auch Konflikte reduzieren und zu konstruktiven Lösungen beitragen. Höflichkeit hat auch Auswirkungen auf unser eigenes Wohlbefinden. Indem wir uns höflich verhalten, fühlen wir uns oft selbstbewusster, zufriedener und respektiert. Höflichkeit kann auch positive Reaktionen und Unterstützung von anderen Menschen anziehen. Insgesamt ist Höflichkeit ein wichtiger Bestandteil einer sozialen und moralischen Verantwortung gegenüber anderen. Indem wir höflich sind, tragen wir dazu bei, eine positive und respektvolle Gesellschaft zu schaffen.

71. Wie funktioniert ein Radio?

Ein Radio ist ein elektronisches Gerät, das Radiowellen empfängt und in Töne umwandelt. Hier ist eine vereinfachte Erklärung, wie ein Radio funktioniert:

1. Antenne: Eine Metallantenne fängt die Radiowellen aus der Luft auf und leitet sie zum Radio weiter.

2. Tuner: Der Tuner im Radio filtert die empfangenen Radiosignale und wählt den gewünschten Radiosender aus.

3. Demodulator: Der Demodulator extrahiert die Audiosignale aus den empfangenen Radiowellen. Dies geschieht durch Trennung der Trägerwelle und der Modulation, die das Audiosignal enthält.

4. Verstärker: Das verstärkte Audiosignal wird an den Verstärker weitergeleitet, um die Lautstärke zu erhöhen und die Klangqualität zu verbessern.

5. Lautsprecher: Der Verstärker gibt das verstärkte Audiosignal an den Lautsprecher weiter, der die Schallwellen erzeugt und hörbare Töne erzeugt.

Bei einem analogen Radio erfolgt die Signalverarbeitung größtenteils über elektrische Schaltungen, während bei einem digitalen Radio das empfangene Signal in digitale Daten umgewandelt wird, die dann in Töne umgewandelt werden. Es ist wichtig anzumerken, dass diese Erklärung eine vereinfachte Version der Funktionsweise eines Radios ist, und tatsächlich gibt es viele technische Details und Komponenten, die in einem Radio vorhanden sind.

72. Warum können Fledermäuse in der Dunkelheit sehen?

Fledermäuse sind nachtaktive Tiere, die in der Lage sind, in der Dunkelheit zu sehen. Sie nutzen jedoch nicht das sichtbare Lichtspektrum wie wir Menschen, sondern verlassen sich hauptsächlich auf ihre Fähigkeit, Schallwellen zu hören und zu interpretieren, was als Echolokation bekannt ist. Fledermäuse senden hochfrequente Schallwellen aus ihrem Mund oder ihrer Nase aus, die auf Objekte in ihrer Umgebung treffen. Diese Schallwellen werden dann von den Objekten reflektiert und von den Ohren der Fledermaus aufgefangen. Die Fledermaus kann die reflektierten Schallwellen analysieren und daraus Informationen über die Entfernung, Größe, Form und Bewegung der Objekte ableiten. Die Fledermaus verarbeitet diese Schallinformationen in ihrem Gehirn und kann so ein detailliertes Bild ihrer Umgebung erstellen. Dies ermöglicht es ihnen, Hindernisse zu vermeiden, Beute zu finden und sich präzise zu orientieren, selbst wenn es dunkel ist. Obwohl Fledermäuse auch über begrenzte Sehfähigkeiten verfügen und einige Arten in der Lage sind, im schwachen Licht zu sehen, ist die Echolokation ihre Hauptmethode zur Navigation und Kommunikation in der Dunkelheit.

73. Woher kommen die Wüsten?

Wüsten sind trockene Gebiete mit extrem geringem Niederschlag und wenig oder keiner Vegetation. Sie können in verschiedenen Teilen der Welt gefunden werden, sowohl in heißen als auch in kalten Klimazonen. Es gibt verschiedene Arten von Wüsten, darunter Sandwüsten, Steinwüsten und Salzwüsten.

Es gibt mehrere Faktoren, die zur Entstehung von Wüsten beitragen:

1. Klima: Wüsten entstehen hauptsächlich in Gebieten, in denen das Klima trocken ist. Dies kann durch die geographische Lage, den Einfluss von Luftströmungen oder die Nähe zu Gebirgen verursacht werden. In diesen Gebieten verdunstet mehr Wasser, als durch Niederschläge ersetzt wird, was zu einer geringen Feuchtigkeit führt.

2. Regenschatten: Gebirge können dazu führen, dass Luftmassen aufsteigen und abkühlen, wodurch Wolken entstehen und es zu Niederschlägen kommt. Wenn die Luftmassen jedoch auf der anderen Seite des Gebirges absteigen, erwärmen sie sich und können weniger Feuchtigkeit halten. Dadurch entsteht auf der abgewandten Seite des Gebirges ein regenschattengebiet, das zu Trockenheit und Wüstenbildung führen kann.

3. Meeresströmungen: In einigen Fällen können kalte Meeresströmungen dazu führen, dass feuchte Luft über dem Meer abkühlt und kaum Niederschlag im angrenzenden Landesinneren hinterlässt. Dies trägt zur Entstehung von Wüsten entlang der Küsten bei.

4. Bodenbeschaffenheit: In einigen Wüstengebieten kann der Boden sandig, steinig oder salzig sein, was die Wasserspeicherung und das Pflanzenwachstum

erschwert. Dies führt zu einer geringen Vegetation und verstärkt den Wüstencharakter. Es ist wichtig anzumerken, dass die Entstehung und Ausbreitung von Wüsten ein komplexer Prozess ist, der von vielen Faktoren abhängt. Klimatische Veränderungen und menschliche Aktivitäten können ebenfalls Einfluss auf die Bildung und Ausdehnung von Wüsten haben.

74. Warum können Chamäleons ihre Farbe ändern?

Chamäleons sind bekannt für ihre Fähigkeit, ihre Hautfarbe zu ändern. Diese Anpassungsfähigkeit dient verschiedenen Zwecken, darunter Kommunikation, Tarnung, Temperaturregulierung und Emotionsausdruck. Die Farbänderung der Chamäleons wird durch spezielle pigmenthaltige Zellen in ihrer Haut, sogenannte Chromatophoren, ermöglicht. Es gibt drei Haupttypen von Chromatophoren:

1. Melanophoren: Diese enthalten das Pigment Melanin und sind für die Erzeugung von Braun- und Schwarztönen verantwortlich.

2. Xanthophoren: Diese enthalten das Pigment Pteridin und sind für die Erzeugung von Gelb- und Rottönen verantwortlich.

3. Iridophoren: Diese enthalten spezielle Zellen, die das Licht brechen und reflektieren können, was zu leuchtenden Blau-, Grün- und Weißtönen führt.

Die Chamäleons können die Farbe ihrer Haut ändern, indem sie die Aktivität dieser Chromatophoren steuern. Durch Muskelkontraktionen können sie die Pigmentzellen erweitern oder zusammenziehen, was zu unterschiedlichen Farbkombinationen führt. Die Chamäleons verwenden ihre Fähigkeit zur Farbänderung, um verschiedene Zwecke zu erfüllen. Zum Beispiel können sie ihre Farbe ändern, um sich an ihre Umgebung anzupassen und sich vor Feinden zu tarnen. Sie können auch ihre Farben ändern, um ihr Territorium zu markieren, während der Paarungszeit Partner anzulocken oder während sozialer Interaktionen ihre Emotionen auszudrücken. Es ist wichtig zu beachten, dass Chamäleons ihre Farbe nicht an jede Umgebung anpassen können, wie es manchmal in Filmen oder Geschichten dargestellt wird. Ihre Fähigkeit zur Farbänderung ist begrenzt und hängt von verschiedenen Faktoren wie Temperatur, Lichtverhältnissen und Stimmungszustand ab.

75. Wie entsteht Strom?

Strom entsteht durch den Fluss von elektrischer Ladung in einem geschlossenen Stromkreis. Es gibt verschiedene Methoden zur Erzeugung von Strom, aber im Allgemeinen basiert die Erzeugung von elektrischer Energie auf dem Prinzip der elektromagnetischen Induktion oder chemischen Reaktionen.

Die gebräuchlichsten Methoden zur Stromerzeugung sind:

1. Elektromagnetische Induktion: Dies ist das Prinzip, das bei der Stromerzeugung in Kraftwerken verwendet wird. Ein Generator besteht aus einer rotierenden Spule und einem Magnetfeld. Wenn die Spule durch das Magnetfeld bewegt wird oder das Magnetfeld um die Spule geändert wird, entsteht eine Spannung in der Spule. Diese Spannung erzeugt einen Strom, der in das Stromnetz eingespeist wird.

2. Chemische Reaktionen: Batterien und Akkumulatoren erzeugen elektrischen Strom durch chemische Reaktionen. In diesen Geräten finden Reaktionen statt, bei denen elektrische Ladung erzeugt wird. Die chemische Energie wird in elektrische Energie umgewandelt, wenn ein Stromkreis geschlossen wird und der elektrische Strom fließt.

3. Photovoltaik: Photovoltaikanlagen nutzen den photovoltaischen Effekt, um Sonnenlicht direkt in elektrischen Strom umzuwandeln. Solarzellen bestehen aus Halbleitermaterialien, die, wenn sie von Sonnenlicht getroffen werden, Elektronen freisetzen. Diese Elektronen erzeugen einen Stromfluss, der genutzt werden kann, um elektrische Energie zu erzeugen.

Es gibt auch andere Methoden zur Stromerzeugung, wie beispielsweise Windkraft, Wasserkraft, Geothermie und Kernenergie. Jede Methode hat ihre eigenen spezifischen Prinzipien und Technologien, aber letztendlich beruht die Erzeugung von Strom immer auf der Erzeugung von elektrischer Ladung und dem Fluss dieser Ladung in einem geschlossenen Stromkreis.

76. Warum müssen wir anderen helfen?

Die Hilfeleistung und Unterstützung anderer Menschen ist von grundlegender Bedeutung für das soziale Miteinander und das Wohlergehen einer Gemeinschaft. Es gibt mehrere Gründe, warum es wichtig ist, anderen Menschen zu helfen:

1. Empathie und Mitgefühl: Empathie ist die Fähigkeit, die Gefühle und Bedürfnisse anderer Menschen nachzuvollziehen. Mitgefühl ermöglicht es uns, uns in die Lage anderer zu versetzen und ihr Leiden oder ihre Herausforderungen zu erkennen. Indem wir anderen helfen, zeigen wir unsere Empathie und unser Mitgefühl und stärken so die sozialen Bindungen in der Gemeinschaft.

2. Gegenseitige Unterstützung: Wir leben in einer vernetzten Gesellschaft, in der wir auf die Hilfe und Unterstützung anderer angewiesen sind. Indem wir anderen helfen, schaffen wir eine Atmosphäre der Zusammenarbeit und des Austauschs. Wir können auch auf die Hilfe anderer zählen, wenn wir sie brauchen.

3. Stärkung des Gemeinwohls: Indem wir anderen helfen, tragen wir zum Wohl der Gesellschaft bei. Unsere Handlungen können einen positiven Einfluss auf das Leben anderer Menschen haben und zu einer gerechteren und mitfühlenderen Welt beitragen.

4. Persönliches Wachstum: Das Helfen anderer Menschen kann zu einem tieferen Verständnis von uns selbst und unserer Rolle in der Gesellschaft führen. Es kann uns

dabei helfen, unsere Fähigkeiten zu entwickeln, unsere Grenzen zu erweitern und unsere eigenen Stärken und Schwächen besser kennenzulernen.

5. Karma und Dankbarkeit: Viele Menschen glauben an das Konzept des Karmas, wonach gute Taten positive Auswirkungen auf unser eigenes Leben haben können. Durch das Helfen anderer schaffen wir ein Gefühl von Dankbarkeit und positive Energie, die sich auf uns selbst auswirken kann.

Es ist wichtig zu betonen, dass Hilfeleistung nicht nur auf große Gesten oder finanzielle Unterstützung beschränkt ist. Selbst kleine Handlungen der Freundlichkeit und Hilfsbereitschaft können einen großen Unterschied im Leben anderer Menschen bewirken.

77. Wie funktioniert ein Kompass?

Ein Kompass ist ein Instrument, das zur Bestimmung der Himmelsrichtungen verwendet wird. Er basiert auf dem Prinzip des Erdmagnetismus. Hier ist eine detaillierte Erklärung, wie ein Kompass funktioniert: Ein traditioneller Kompass besteht aus einer magnetisierten Nadel, die auf einer horizontalen Achse gelagert ist. Die Nadel ist in der Regel rot oder schwarz markiert, um die Nordrichtung anzuzeigen. Der Kompass selbst besteht aus einer runden, meist transparenten Platte, auf der die Himmelsrichtungen markiert sind. Die Funktionsweise des Kompasses beruht auf dem Magnetfeld der Erde. Die Erde hat ein magnetisches Feld, das sich vom geografischen Nordpol zum geografischen Südpol erstreckt. Die magnetisierte Nadel des Kompasses wird von diesem Feld angezogen und richtet sich parallel zu den magnetischen Feldlinien aus. Die magnetisierte Nadel zeigt immer in Richtung des geografischen Nordpols. Um die Himmelsrichtungen zu bestimmen, müssen wir die Ausrichtung der Nadel relativ zur geografischen Nord-Süd-Richtung kennen. Dazu ist es wichtig zu wissen, dass die magnetische Nordrichtung nicht genau mit der geografischen Nordrichtung übereinstimmt. Dies liegt daran, dass sich das magnetische Nordpol der Erde ständig leicht verschiebt. Um die Ausrichtung der Nadel zu korrigieren, ist auf dem Kompassgehäuse oft eine Skala angebracht, die als Deklinationsskala bezeichnet wird. Diese Skala zeigt die Abweichung zwischen der magnetischen Nordrichtung und der geografischen Nordrichtung an einem bestimmten Ort an. Mit dieser Information können wir die Himmelsrichtungen präzise ablesen. Moderne Kompassmodelle können zusätzliche Funktionen wie eine Wasserwaage oder eine Neigungsmesser aufweisen, um die Navigation zu erleichtern. In der Regel wird ein Kompass in Kombination mit einer Karte oder einem GPS-Gerät verwendet, um genaue Richtungsangaben zu erhalten.

78. Warum können Kängurus so weit springen?

Kängurus sind bemerkenswerte Tiere, die für ihre Fähigkeit bekannt sind, weite Strecken zu springen. Diese außergewöhnliche Fähigkeit beruht auf mehreren anatomischen und physiologischen Merkmalen:

1. Lange Hinterbeine: Kängurus haben sehr kräftige und lange Hinterbeine im Vergleich zu ihren Vorderbeinen. Diese langen Beine dienen als starke Hebel, die ihnen ermöglichen, große Sprünge zu machen. Die Muskeln und Sehnen in den Hinterbeinen sind gut entwickelt und helfen den Kängurus, die Energie aus den Sprüngen effizient zu nutzen.

2. Elastische Sehnen: Die Sehnen in den Hinterbeinen der Kängurus sind besonders elastisch. Sie fungieren wie Gummibänder und speichern bei jedem Sprung Energie. Diese elastischen Sehnen ermöglichen es den Kängurus, mit vergleichsweise geringem Kraftaufwand große Distanzen zu überwinden.

3. Schwanz als Gleichgewichtsorgan: Der lange Schwanz der Kängurus dient als Gleichgewichtsorgan während des Sprunges. Der Schwanz wird nach hinten ausgestreckt und hilft dem Känguru, seine Balance zu halten und die Flugbahn des Sprungs zu kontrollieren.

4. Anatomie der Hinterbeine: Die Anatomie der Hinterbeine der Kängurus ist auf das Springen spezialisiert. Die Knochenstruktur ist leicht und gleichzeitig robust, um den Kängurus das Springen zu erleichtern. Die Gelenke ermöglichen eine effiziente Bewegung und die Muskeln bieten die benötigte Kraft.

5. Energieeffizienz: Kängurus sind auch bekannt für ihre Fähigkeit, Energie effizient zu nutzen. Während des Sprungs speichert der Körper Energie in Form von elastischer Spannung in den Sehnen und nutzt diese beim nächsten Sprung wieder. Dadurch können Kängurus große

Distanzen mit vergleichsweise wenig Energieaufwand zurücklegen.

Die Kombination all dieser Merkmale ermöglicht es den Kängurus, mit beeindruckender Geschwindigkeit und Effizienz zu springen. Diese Fähigkeit ist für sie überlebenswichtig, da sie ihnen hilft, in ihrem natürlichen Lebensraum, den australischen Graslandern, Nahrung zu finden und Feinden zu entkommen.

79. Woher kommen die Inseln?

Inseln sind geographische Formationen, die von Wasser umgeben sind und von größeren Landmassen getrennt sind. Es gibt verschiedene Arten von Inseln, und ihre Entstehung kann auf verschiedene Weisen erfolgen:

1. Kontinentale Inseln: Diese Inseln sind Fragmente von Landmassen, die sich über die Meeresoberfläche erheben und von Kontinenten getrennt sind. Sie können durch geologische Prozesse wie tektonische Aktivität oder durch den Anstieg des Meeresspiegels entstehen. Zum Beispiel sind die Britischen Inseln kontinentale Inseln, die einst Teil des europäischen Festlandes waren, bevor sie durch den Anstieg des Meeresspiegels vom Festland getrennt wurden.

2. Vulkanische Inseln: Vulkanische Inseln entstehen durch Vulkanaktivitäten unter Wasser. Wenn Magma aus dem Erdinneren an die Oberfläche aufsteigt und Lava austritt, kann sich im Laufe der Zeit eine Insel bilden. Beispiele für vulkanische Inseln sind die Hawaii-Inseln im Pazifischen

Ozean, die durch unterseeische Vulkanausbrüche entstanden sind.

3. Koralleninseln: Koralleninseln sind Inseln, die durch die Ansammlung von Korallenriffen entstehen. Korallenpolypen bilden im Laufe der Zeit Skelette aus Kalkstein, die zu einem Riff heranwachsen. Das Riff kann schließlich die Oberfläche erreichen und eine Insel bilden. Ein bekanntes Beispiel für eine Koralleninsel ist die Malediven.

4. Sandinseln: Sandinseln entstehen durch die Ansammlung von Sand und Sedimenten, die durch Meeresströmungen und Wellen angespült werden. Diese Art von Inseln kann auf Sandbänken oder Küstenerosion basieren. Sie können sich im Laufe der Zeit verändern oder sogar wieder verschwinden, wenn sich die Meeresströmungen ändern.

Es ist wichtig anzumerken, dass die Entstehung von Inseln ein komplexer Prozess ist und von verschiedenen Faktoren wie geologischen, ozeanografischen und klimatischen Bedingungen beeinflusst wird. Jede Insel hat eine einzigartige Geschichte und Entstehungsgeschichte, die sie zu einem faszinierenden Teil unseres Planeten macht.

80. Warum können Eulen nachts sehen?

Eulen sind nachtaktive Vögel und haben eine bemerkenswerte Fähigkeit, auch bei extrem geringem Licht gut zu sehen. Ihre Anpassungen an das nächtliche

Sehen ermöglichen es ihnen, Beute zu erkennen und in der Dunkelheit zu jagen. Hier sind einige Gründe, warum Eulen nachts sehen können:

1. Große Augen: Eulen haben im Vergleich zu ihrer Körpergröße auffallend große Augen. Diese großen Augen ermöglichen eine größere Lichtaufnahme, da mehr Lichtstrahlen auf die Netzhaut treffen. Dadurch wird das verfügbare Licht besser genutzt, um ein Bild zu erzeugen.

2. Spezielle Netzhautstruktur: Die Netzhaut der Eulen ist mit einer hohen Anzahl von lichtempfindlichen Zellen, den Stäbchen, ausgestattet. Stäbchen sind besonders empfindlich gegenüber schwachem Licht und ermöglichen eine verbesserte Nachtsicht. Eulen haben weniger Zapfen, die für das Farbsehen zuständig sind, da Farben in der Dunkelheit weniger wichtig sind.

3. Reflektierende Tapetum lucidum: Eulen haben eine spezielle Schicht hinter der Netzhaut, das Tapetum lucidum. Diese Schicht reflektiert das einfallende Licht und verstärkt die Lichtausbeute der Augen. Das reflektierte Licht wird durch die lichtempfindlichen Zellen erneut aufgenommen, was zu einer erhöhten Lichtempfindlichkeit führt.

4. Vergrößernde Linsen: Die Linsen in den Augen der Eulen sind im Vergleich zu anderen Vögeln stärker gekrümmt. Dadurch können sie das einfallende Licht besser fokussieren und ein schärferes Bild erzeugen.

5. Anpassung der Pupille: Die Pupillen der Eulen können sich erweitern, um mehr Licht einzulassen, und sich bei hellem Licht zusammenziehen, um Blendung zu

reduzieren. Dies ermöglicht es ihnen, sich an unterschiedliche Lichtbedingungen anzupassen.

Diese Kombination von anatomischen und physiologischen Anpassungen ermöglicht es Eulen, auch bei schwachem Licht effektiv zu sehen. Ihre Fähigkeit, in der Dunkelheit zu jagen, hat ihnen einen evolutionären Vorteil verschafft und macht sie zu beeindruckenden nächtlichen Jägern.

81. Wie entsteht Luft?

Luft ist eine Mischung aus verschiedenen Gasen, die die Erdatmosphäre umgeben. Sie entsteht durch eine Kombination von Prozessen auf der Erde und in der Atmosphäre. Hier sind einige wichtige Faktoren, die zur Entstehung von Luft beitragen:

1. Photosynthese: Pflanzen und andere Organismen, insbesondere Algen und Cyanobakterien, führen Photosynthese durch. Dabei nehmen sie Kohlendioxid (CO_2) aus der Atmosphäre auf und setzen Sauerstoff (O_2) frei. Dieser von den Pflanzen erzeugte Sauerstoff ist ein wesentlicher Bestandteil der Luft.

2. Atmung: Organismen wie Tiere, einschließlich Menschen, nehmen Sauerstoff auf und geben Kohlendioxid ab. Dieser Austausch von Gasen zwischen Organismen und der Atmosphäre spielt ebenfalls eine Rolle bei der Entstehung von Luft.

3. Vulkanische Aktivität: Vulkane setzen bei Ausbrüchen Gase und Partikel frei, darunter Stickstoff (N_2),

Wasserstoff (H2), Kohlendioxid (CO2), Schwefeldioxid (SO2) und Wasserdampf. Diese Gase vermischen sich mit der Atmosphäre und tragen zur Zusammensetzung der Luft bei.

4. Verwitterung: Verwitterungsprozesse tragen zur Freisetzung von Gasen in die Atmosphäre bei. Zum Beispiel kann die Verwitterung von Gesteinen zur Freisetzung von Kohlendioxid führen.

5. Industrielle Emissionen: Menschliche Aktivitäten wie die Verbrennung fossiler Brennstoffe und die industrielle Produktion setzen Gase und Schadstoffe frei, die sich mit der Luft vermischen. Diese Emissionen beeinflussen die Zusammensetzung der Luft und können zu Umweltproblemen wie Luftverschmutzung führen.

Die Atmosphäre der Erde besteht hauptsächlich aus Stickstoff (etwa 78%) und Sauerstoff (etwa 21%), während andere Gase wie Kohlendioxid, Wasserdampf und Edelgase in geringeren Mengen vorhanden sind. Die Entstehung und Zusammensetzung der Luft sind eng mit den natürlichen Prozessen auf der Erde verbunden und spielen eine wichtige Rolle für das Klima, das Leben und den Schutz der Erde vor schädlicher Strahlung aus dem Weltraum.

82. Warum müssen wir teilen?

Das Teilen ist eine wichtige soziale Fähigkeit und ein grundlegendes Prinzip des Zusammenlebens in

Gemeinschaften. Hier sind einige Gründe, warum das Teilen wichtig ist:

1. Kooperation und Zusammenarbeit: Durch das Teilen können Menschen zusammenarbeiten, um gemeinsame Ziele zu erreichen. Es fördert ein Gefühl der Gemeinschaft und ermöglicht es den Menschen, sich gegenseitig zu unterstützen.

2. Ressourcenmanagement: Indem wir teilen, können wir Ressourcen effizienter nutzen. Wenn wir unsere Ressourcen teilen, können mehr Menschen davon profitieren und Bedürfnisse können besser erfüllt werden. Teilen hilft, Ungleichheit zu verringern und eine gerechtere Verteilung von Gütern und Dienstleistungen zu ermöglichen.

3. Empathie und Mitgefühl: Das Teilen fördert Empathie und Mitgefühl für andere. Es ermöglicht uns, uns in die Lage anderer Menschen zu versetzen und ihre Bedürfnisse und Wünsche zu verstehen. Durch das Teilen können wir das Wohlergehen anderer fördern und soziale Bindungen stärken.

4. Soziale Entwicklung: Das Teilen ist ein wichtiger Bestandteil der sozialen Entwicklung, insbesondere bei Kindern. Es lehrt Kinder, sich um andere zu kümmern, Rücksicht zu nehmen und mit anderen zu interagieren. Kinder, die frühzeitig lernen zu teilen, entwickeln oft bessere soziale Fähigkeiten und Beziehungen zu anderen.

5. Generosität und Wertschätzung: Das Teilen zeigt Großzügigkeit und Wertschätzung für andere. Es schafft

eine Kultur des Gebens und des Gebens, die positive Beziehungen und ein Gefühl der Dankbarkeit fördert.

Das Teilen ist ein grundlegender Wert, der das soziale Miteinander stärkt und eine harmonische Gemeinschaft fördert. Es trägt zur Schaffung einer gerechteren, fürsorglicheren und kooperativeren Gesellschaft bei.

83. Wie funktioniert eine Waschmaschine?

Eine Waschmaschine ist ein elektrisches Haushaltsgerät, das entwickelt wurde, um Kleidung, Bettwäsche und andere Textilien zu waschen. Hier ist eine allgemeine Beschreibung, wie eine Waschmaschine funktioniert:

1. Beladen: Zuerst wird die Waschmaschine geöffnet und die zu waschenden Textilien werden hineingelegt. Es ist wichtig, die Beladung entsprechend der Kapazität der Maschine zu dosieren, um eine effiziente Reinigung zu gewährleisten.

2. Wasserzufuhr: Die Waschmaschine wird mit Wasser befüllt, das normalerweise aus der Wasserleitung kommt. Die gewünschte Wassertemperatur kann ausgewählt werden, je nach den Anforderungen des Waschvorgangs.

3. Zugabe von Reinigungsmitteln: Waschmittel, Weichspüler oder andere Reinigungsmittel werden zur Waschmaschine hinzugefügt, um den Reinigungsprozess zu unterstützen. Die Menge und Art der verwendeten

Reinigungsmittel hängt von der Art der Kleidung und dem gewünschten Reinigungsergebnis ab.

4. Waschzyklus: Nachdem die Waschmaschine beladen und mit Wasser und Reinigungsmitteln versorgt ist, wird der Waschzyklus gestartet. Die Trommel beginnt sich zu drehen, um die Textilien durch das Wasser und die Reinigungsmittel zu bewegen. Während des Waschzyklus können verschiedene Einstellungen wie Dauer, Intensität und Art der Reinigung gewählt werden.

5. Spülen: Nach dem Waschzyklus folgt normalerweise ein oder mehrere Spülgänge, bei denen sauberes Wasser verwendet wird, um die Waschmittelreste aus den Textilien zu entfernen.

6. Schleudern: Nach dem Spülvorgang beginnt die Waschmaschine normalerweise mit dem Schleudern. Die Trommel dreht sich mit hoher Geschwindigkeit, um das überschüssige Wasser aus den Textilien zu entfernen und sie so weit wie möglich zu trocknen.

7. Entladen: Sobald der Waschvorgang abgeschlossen ist, können die gereinigten Textilien aus der Waschmaschine entnommen werden.

Es ist wichtig zu beachten, dass verschiedene Waschmaschinenmodelle unterschiedliche Funktionen und Optionen haben können. Moderne Waschmaschinen verfügen oft über verschiedene Programme und Sensoren, um den Waschprozess automatisch zu optimieren und Wasser- und Energieeffizienz zu verbessern.

84. Warum können Ameisen so gut arbeiten?

Ameisen sind soziale Insekten, die in großen Kolonien leben und für ihre bemerkenswerte Arbeitsfähigkeit bekannt sind. Hier sind einige Gründe, warum Ameisen so gut arbeiten können:

1. Arbeitsteilung: In einer Ameisenkolonie sind die Aufgaben unter den Mitgliedern aufgeteilt. Es gibt Arbeiterinnen, Soldaten, Königinnen und männliche Ameisen. Jede Kaste hat spezifische Aufgaben und Verantwortlichkeiten, die auf ihre physischen Merkmale und Fähigkeiten abgestimmt sind. Diese Arbeitsteilung ermöglicht eine effiziente Nutzung der verfügbaren Ressourcen und Fähigkeiten in der Kolonie.

2. Chemische Kommunikation: Ameisen kommunizieren mithilfe von Pheromonen, chemischen Substanzen, die von ihnen abgegeben werden. Pheromone dienen zur Markierung von Futterquellen, zur Orientierung, zur Warnung vor Gefahren und zur Kommunikation zwischen den Mitgliedern einer Kolonie. Durch diese chemische Kommunikation können Ameisen koordiniert zusammenarbeiten und Informationen über Ressourcen und Hindernisse austauschen.

3. Körperliche Anpassungen: Ameisen haben spezialisierte Körpermerkmale, die ihnen bei der Arbeit helfen. Sie haben starke Kiefer und Kiefermuskeln, die es ihnen ermöglichen, Nahrung zu sammeln und zu transportieren. Einige Ameisenarten haben auch Körperstrukturen wie

Dornen oder Stacheln, die sie zur Verteidigung oder zum Schutz der Kolonie einsetzen können.

4. Instinktives Verhalten: Das Verhalten von Ameisen wird größtenteils durch Instinkte gesteuert. Sie folgen genetisch bedingten Verhaltensmustern, die ihnen helfen, ihre Aufgaben in der Kolonie zu erfüllen. Durch diese genetisch bedingten Instinkte sind Ameisen in der Lage, komplexe Aufgaben wie den Bau von Ameisenhügeln, das Sammeln von Nahrung und die Verteidigung der Kolonie auszuführen.

5. Zusammenarbeit und Kooperation: Ameisen arbeiten eng zusammen und kooperieren, um gemeinsame Ziele zu erreichen. Sie arbeiten in Teams, um große Beutestücke zu transportieren oder komplexe Nester zu bauen. Durch ihre kooperative Natur sind Ameisen in der Lage, große Aufgaben zu bewältigen, die für einzelne Individuen zu schwer oder unmöglich wären.

Die Kombination dieser Faktoren ermöglicht es Ameisen, effizient und erfolgreich in kollektiven Arbeitsprozessen zu agieren und ihre Aufgaben in der Kolonie zu erfüllen.

85. Woher kommen die Gletscher?

Gletscher sind große Eismassen, die sich in kalten Regionen der Erde bilden. Sie entstehen über einen längeren Zeitraum durch Schneeansammlungen, die sich im Laufe der Zeit verdichten und in Eis umgewandelt werden. Hier ist der allgemeine Prozess, wie Gletscher entstehen:

1. Schneefall: In den Bergen oder polaren Regionen fällt kontinuierlich Schnee. Dieser Schnee wird im Laufe der Zeit zu einer Schneedecke, die sich auf den Bergen ansammelt.

2. Verdichtung: Durch den Druck des darüber liegenden Schnees werden die unteren Schneeschichten komprimiert und in dichteres Eis verwandelt. Dieser Prozess wird als Schneeumwandlung bezeichnet.

3. Schneeumwandlung zu Eis: Das Gewicht des darüber liegenden Schnees und die Schmelze des oberen Schnees führen dazu, dass die unteren Schichten zu Eis werden. Die Schneekristalle verändern ihre Struktur und werden zu Eiskristallen. Im Laufe der Zeit werden die Schichten von Schnee und Eis immer dichter und fester.

4. Bewegung: Gletscher bewegen sich aufgrund ihres eigenen Gewichts und der Schwerkraft. Das Eis fließt langsam den Berg hinunter oder von den Polen in Richtung Meer. Dieser Prozess wird als Gletscherbewegung bezeichnet.

5. Eisschmelze: Am unteren Ende des Gletschers, wo er mit wärmeren Temperaturen oder Wasser in Berührung kommt, schmilzt das Eis. Dies führt zur Bildung von Gletscherspalten, Gletscherseen und Gletscherflüssen.

Gletscher sind wichtige Indikatoren für den Klimawandel, da sie empfindlich auf Temperaturveränderungen reagieren. Wenn die Temperaturen steigen, schmelzen Gletscher schneller, was zu einem Anstieg des Meeresspiegels und anderen Auswirkungen auf die Umwelt führt.

86. Warum können Hühner Eier legen?

Hühner gehören zu den Vögeln, und das Legen von Eiern ist ein natürlicher Teil ihres Fortpflanzungszyklus. Hier sind die Grundlagen, wie Hühner Eier legen:

1. Fortpflanzungssystem: Hühner haben ein spezialisiertes Fortpflanzungssystem, das aus Eierstöcken, Eileitern und einem Legedarm besteht. Der Eierstock produziert Eizellen, die in den Eileitern befruchtet werden können.

2. Eizellbildung: Im Eierstock reifen die Eizellen heran. Normalerweise wird eine Eizelle pro Tag freigesetzt.

3. Befruchtung: Um ein befruchtetes Ei zu erzeugen, muss eine Henne von einem Hahn begattet werden. Während der Paarung überträgt der Hahn Sperma auf die Henne, das die Eizelle befruchtet.

4. Eischalenbildung: Im Eileiter beginnt die Eizelle, sich mit Eiweiß und Mineralstoffen zu umgeben. Gleichzeitig wird Kalk aus der Hennenkalkdrüse abgeschieden, der sich um die Eizelle legt und die Eischale bildet.

5. Legen des Eies: Nach etwa 24 bis 26 Stunden nach der Befruchtung legt die Henne das fertige Ei. Der Vorgang des Legens ist normalerweise schmerzlos und erfolgt durch Kontraktionen des Legedarms.

Es ist wichtig zu beachten, dass Hühner auch Eier legen können, ohne dass eine Befruchtung stattgefunden hat. Diese Eier sind dann nicht befruchtet und entwickeln sich nicht zu Küken.

87. Wie entstehen Gezeiten?

Gezeiten sind das periodische Ansteigen und Fallen des Meeresspiegels, das auf die Gravitationskraft von Sonne und Mond zurückzuführen ist. Hier ist eine vereinfachte Erklärung, wie Gezeiten entstehen:

1. Gravitationskräfte: Sowohl die Sonne als auch der Mond üben eine Anziehungskraft auf die Erde aus. Da der Mond der Erde näher ist, ist seine Anziehungskraft stärker und hat den größten Einfluss auf die Gezeiten.

2. Anziehende Kräfte des Mondes: Die Anziehungskraft des Mondes zieht das Wasser in Richtung des Mondes. Dadurch entsteht eine höhere Wassersäule auf der Seite der Erde, die dem Mond zugewandt ist, und eine niedrigere Wassersäule auf der gegenüberliegenden Seite.

3. Zentrifugalkraft: Da sich die Erde unter dem einwirkenden Gravitationsfeld des Mondes dreht, entsteht eine Zentrifugalkraft, die das Wasser nach außen drückt und eine zweite höhere Wassersäule auf der gegenüberliegenden Seite der Erde bildet.

4. Einfluss der Sonne: Die Sonne hat ebenfalls eine gewisse Wirkung auf die Gezeiten, obwohl sie aufgrund ihrer größeren Entfernung eine schwächere Anziehungskraft ausübt. Bei Vollmond und Neumond verstärkt sich die Wirkung der Sonne, da sich die Gravitationskräfte von Sonne und Mond addieren.

5. Täglicher Zyklus: Da sich die Erde in 24 Stunden einmal um ihre Achse dreht, treten die Gezeiten etwa alle 12 Stunden und 25 Minuten auf. Es gibt zwei Hochwasser- und zwei Niedrigwasserphasen während dieses Zyklus.

Es ist wichtig zu beachten, dass lokale geografische Merkmale wie die Form der Küstenlinie und die Wassertiefe ebenfalls einen Einfluss auf die spezifischen Gezeitenmuster an verschiedenen Orten haben.

88. Warum müssen wir ehrlich sein?

Ehrlichkeit ist eine wichtige Eigenschaft, die in unserer Gesellschaft geschätzt wird. Hier sind einige Gründe, warum wir ehrlich sein sollten:

1. Vertrauen: Ehrlichkeit bildet die Grundlage für Vertrauen in zwischenmenschlichen Beziehungen. Wenn wir ehrlich sind, bauen wir ein Vertrauensverhältnis zu anderen Menschen auf. Dies stärkt Beziehungen und ermöglicht ein reibungsloses Zusammenleben.

2. Integrität: Ehrlichkeit zeigt unsere Integrität und moralische Prinzipien. Indem wir die Wahrheit sagen und aufrichtig handeln, zeigen wir, dass wir unseren Überzeugungen treu sind und nach moralischen Standards leben.

3. Glaubwürdigkeit: Ehrliche Menschen werden als glaubwürdig angesehen. Wenn wir ehrlich sind, können andere Menschen darauf vertrauen, dass wir die Wahrheit sagen und unsere Versprechen einhalten.

4. Selbstachtung: Ehrlichkeit trägt zur Entwicklung unserer eigenen Selbstachtung bei. Wenn wir ehrlich sind, können wir mit uns selbst im Einklang sein und stolz auf unsere Integrität sein.

5. Konfliktvermeidung: Ehrlichkeit kann dazu beitragen, Konflikte zu vermeiden oder zu lösen. Durch offene Kommunikation und das Sprechen der Wahrheit können Missverständnisse und Ungerechtigkeiten vermieden werden.

6. Persönliches Wachstum: Ehrlichkeit erfordert Selbstreflexion und Selbstverbesserung. Indem wir ehrlich zu uns selbst und anderen sind, können wir an unseren Schwächen arbeiten und uns weiterentwickeln.

Es ist wichtig anzumerken, dass es Situationen geben kann, in denen Taktgefühl und Sensibilität erforderlich sind, um die Wahrheit mitfühlend zu kommunizieren. Dennoch sollte Ehrlichkeit ein grundlegendes Prinzip sein, dem wir folgen sollten.

89. Wie funktioniert ein Flugzeug?

Ein Flugzeug ist ein Luftfahrzeug, das durch aerodynamische Kräfte in der Lage ist, in der Luft zu fliegen. Hier ist eine grundlegende Erklärung, wie ein Flugzeug funktioniert:

1. Auftrieb: Der Auftrieb ist die Kraft, die ein Flugzeug in der Luft hält. Er wird durch die Form der Flügel und den Luftstrom erzeugt. Die Flügel eines Flugzeugs haben eine gewölbte Oberseite und eine flachere Unterseite, was zu

einer unterschiedlichen Geschwindigkeit des Luftstroms über und unter den Flügeln führt. Dadurch entsteht ein Auftrieb, der das Flugzeug nach oben drückt.

2. Antrieb: Flugzeuge werden durch Motoren angetrieben, die in der Regel Turbinenmotoren sind. Diese Motoren saugen Luft an, verdichten sie und mischen sie mit Kraftstoff. Der Kraftstoff wird verbrannt, wodurch heiße Gase erzeugt werden, die durch eine Turbine strömen und die Antriebskraft erzeugen, um das Flugzeug vorwärts zu bewegen.

3. Steuerung: Flugzeuge haben verschiedene Steuerflächen, die verwendet werden, um die Flugrichtung und -haltung zu kontrollieren. Dies umfasst die Querruder, die verwendet werden, um das Flugzeug um die Querachse zu rollen, das Höhenruder, das die Nase des Flugzeugs nach oben oder unten neigt, und das Seitenruder, das das Flugzeug um die Hochachse dreht.

4. Navigation und Kommunikation: Moderne Flugzeuge verfügen über Instrumente zur Navigation und Kommunikation. Dies umfasst Instrumente wie GPS (Global Positioning System), Radar, Funkkommunikationssysteme und Fluglotsen, die den Flugverkehr überwachen und Anweisungen geben.

Zusammen ermöglichen diese grundlegenden Prinzipien dem Flugzeug, Auftrieb zu erzeugen, sich vorwärts zu bewegen und gesteuert zu werden, um sicher in der Luft zu fliegen. Die spezifischen Funktionen und Merkmale eines Flugzeuges können jedoch je nach Typ und Zweck des Flugzeuges variieren.

90. Warum können Schmetterlinge ihre Flügel bewegen?

Schmetterlinge haben die erstaunliche Fähigkeit, ihre Flügel zu bewegen, was ihnen ermöglicht zu fliegen und sich in ihrer Umgebung zu bewegen. Diese Fähigkeit beruht auf der besonderen Struktur ihrer Flügel und den Muskeln, die mit ihnen verbunden sind. Die Flügel eines Schmetterlings bestehen aus dünnen Schichten von Chitin, einem leichten und dennoch starken Material. Diese Flügel sind mit einem Netzwerk von Adern durchzogen, die als Flügelvenen bezeichnet werden. Diese Venen verleihen den Flügeln Stabilität und Struktur. Die Flügelbewegung wird durch spezielle Flugmuskeln kontrolliert, die am Körper des Schmetterlings befestigt sind. Diese Muskeln ziehen sich zusammen und entspannen sich, um die Flügel zu bewegen. Ein Satz von Muskeln ist für das Heben der Flügel verantwortlich, während ein anderer Satz für das Senken der Flügel zuständig ist. Schmetterlinge haben auch winzige Härchen auf ihren Flügeln, die als Schuppen bezeichnet werden. Diese Schuppen dienen dazu, die Flügeloberfläche zu vergrößern und die Flügelstruktur zu verstärken. Sie verleihen den Flügeln auch ihre charakteristischen Farben und Muster. Die Bewegung der Flügel ermöglicht es den Schmetterlingen, Auftrieb zu erzeugen und sich in der Luft zu halten. Indem sie ihre Flügel auf und ab schlagen, erzeugen sie einen Luftstrom, der über die Flügel strömt. Dies erzeugt Auftrieb und ermöglicht den

Schmetterlingen, zu fliegen, zu manövrieren und ihre Umgebung zu erkunden.

91. Woher kommen die Wale?

Wale sind marine Säugetiere, die in den Ozeanen der Welt leben. Sie sind eng mit Delfinen und Schweinswalen verwandt und gehören zur Ordnung der Wale (Cetacea). Es gibt verschiedene Arten von Walen, darunter die Bartenwale und die Zahnwale. Wale haben eine lange Evolution hinter sich und haben sich aus landlebenden Säugetieren entwickelt, die vor etwa 50 Millionen Jahren in die Ozeane zurückgekehrt sind. Ihre Vorfahren waren wahrscheinlich landlebende Säugetiere, die im Laufe der Zeit an das Leben im Wasser angepasst wurden. Wale leben in verschiedenen Teilen der Ozeane, von den polaren Gewässern bis zu den tropischen Regionen. Sie ernähren sich von verschiedenen Meeresorganismen wie Fischen, Krill, Tintenfischen und Plankton. Die Fortpflanzung der Wale findet ebenfalls im Wasser statt. Weibliche Wale bringen ihre Jungen lebend zur Welt und kümmern sich um sie, bis sie selbstständig genug sind, um zu überleben. Wale spielen eine wichtige Rolle im marinen Ökosystem, da sie Nahrungsressourcen regulieren und den Nährstoffkreislauf im Ozean beeinflussen. Sie sind faszinierende und majestätische Geschöpfe, die die Meere der Welt bewohnen.

92. Warum können Geparden so schnell rennen?

Geparden sind die schnellsten Landtiere der Welt und können Geschwindigkeiten von bis zu 100 km/h erreichen. Diese außergewöhnliche Geschwindigkeit beruht auf einer Kombination von anatomischen, physiologischen und verhaltensbezogenen Anpassungen. Die Anatomie des Geparden spielt eine entscheidende Rolle bei seiner Fähigkeit, schnell zu rennen. Geparden haben einen schlanken Körperbau mit langen, kräftigen Beinen. Diese Beine sind speziell für den Lauf ausgelegt, mit langen Oberschenkelknochen, die eine größere Schrittlänge ermöglichen, und einer flexiblen Wirbelsäule, die beim Laufen Stabilität bietet. Geparden haben auch große Nasenlöcher und eine große Lunge, die ihnen ermöglichen, große Mengen an Sauerstoff aufzunehmen. Dies ist wichtig, um den hohen Sauerstoffbedarf während des Sprints zu decken. Ein weiterer entscheidender Faktor ist die Muskelstruktur des Geparden. Seine Muskeln sind besonders stark und effizient, wodurch eine schnelle und kraftvolle Bewegung ermöglicht wird. Die hinteren Beine des Geparden sind besonders muskulös und liefern den Hauptantrieb beim Laufen. Die Gepardenjagdtechnik spielt ebenfalls eine wichtige Rolle bei ihrer Geschwindigkeit. Sie setzen auf kurze, intensive Sprints, um ihre Beute zu überraschen und zu überwältigen. Ihre flexiblen Wirbelsäulen ermöglichen es ihnen, enge Kurven zu nehmen und ihre Richtung schnell zu ändern.

Es ist wichtig anzumerken, dass die hohen Geschwindigkeiten, die Geparden erreichen können, nur für kurze Strecken aufrechterhalten werden können. Nach einem schnellen Sprint benötigen sie Zeit zur Erholung, da ihr Körper während des Sprints stark belastet wird.

93. Wie entsteht Feuerwerk?

Feuerwerke sind spektakuläre Darstellungen von Licht, Farben und Klängen, die bei besonderen Anlässen und Feierlichkeiten verwendet werden. Sie werden durch eine Kombination von Chemikalien und pyrotechnischen Effekten erzeugt. Ein Feuerwerk besteht aus einer Reihe von Feuerwerkskörpern, die in der Regel in einem festen Behälter angeordnet sind, der als Feuerwerkskörperhalterung bezeichnet wird. Jeder Feuerwerkskörper enthält eine Mischung aus verschiedenen Chemikalien, die für die Erzeugung von Farben und Effekten verantwortlich sind. Die Chemikalien in einem Feuerwerkskörper bestehen aus einem Oxidationsmittel, einem Brennstoff und einem Farbstoff. Das Oxidationsmittel liefert den Sauerstoff, der zur Verbrennung des Brennstoffs benötigt wird. Der Brennstoff ist in der Regel eine Mischung aus verschiedenen Metallen, die beim Verbrennen Farben erzeugen. Der Farbstoff verleiht den Feuerwerkskörpern ihre charakteristischen Farben. Wenn der Feuerwerkskörper gezündet wird, entzündet eine Initiationsvorrichtung die Mischung aus Oxidationsmittel und Brennstoff. Diese Verbrennung erzeugt eine hohe Temperatur und setzt Energie frei. Die Metalle im Brennstoff ionisieren und emittieren Licht in Form von Farben. Zusätzlich zu den Farben können Feuerwerke auch andere Effekte erzeugen, wie zum Beispiel Funken, Knallgeräusche und Rauch. Diese Effekte werden durch Zugabe spezieller Chemikalien erreicht, die während der Verbrennung freigesetzt werden. Die Kombination der verschiedenen Feuerwerkskörper in einem Feuerwerk ermöglicht es, eine Vielzahl von Effekten zu erzeugen, die zu einem beeindruckenden visuellen und akustischen Spektakel führen.

94. Warum müssen wir geduldig sein?

Geduld ist eine wichtige Eigenschaft, die uns dabei hilft, mit Herausforderungen, Verzögerungen und schwierigen Situationen umzugehen. Es gibt mehrere Gründe, warum Geduld eine wertvolle Fähigkeit ist:

1. Erreichung von Zielen: Oft erfordern große Ziele und Erfolge Zeit und Ausdauer. Geduld ermöglicht es uns, einen langfristigen Blickwinkel einzunehmen und auf die langfristigen Belohnungen zu fokussieren, anstatt uns von sofortiger Befriedigung leiten zu lassen.

2. Bewältigung von Stress: Geduld hilft uns, Stress und Frustration zu reduzieren. Wenn wir geduldig sind, können wir uns besser kontrollieren und uns auf Lösungen konzentrieren, anstatt impulsiv zu handeln.

3. Verbesserung der Beziehungen: Geduld ist ein wichtiger Bestandteil erfolgreicher zwischenmenschlicher Beziehungen. Durch Geduld zeigen wir Respekt und Verständnis für andere Menschen und ihre Bedürfnisse. Wir nehmen uns die Zeit, zuzuhören und zu

kommunizieren, was zu einer besseren Zusammenarbeit und Konfliktlösung führt.

4. Entwicklung von Fähigkeiten: Viele Fähigkeiten erfordern Übung und Ausdauer. Geduld ermöglicht es uns, durch die Herausforderungen und Rückschläge zu gehen, die mit dem Erlernen neuer Fähigkeiten verbunden sind, und uns kontinuierlich zu verbessern.

5. Stressbewältigung: Geduld hilft uns, mit Ungewissheit und Veränderungen umzugehen. Wenn wir geduldig sind, können wir uns anpassen, flexibel bleiben und uns auf das konzentrieren, was wir kontrollieren können, anstatt uns über Dinge aufzuregen, die außerhalb unserer Kontrolle liegen.

Geduld ist eine Fähigkeit, die entwickelt und gepflegt werden kann. Indem wir uns bewusst auf Geduld konzentrieren, können wir unsere Stressresistenz erhöhen, bessere Entscheidungen treffen und unsere Beziehungen und persönlichen Ziele stärken.

95. Wie funktioniert eine Brille?

Eine Brille ist eine optische Vorrichtung, die dazu dient, Fehlsichtigkeiten zu korrigieren und das Sehvermögen zu verbessern. Sie besteht aus mehreren Komponenten, die zusammenarbeiten, um das Licht zu brechen und das Bild auf der Netzhaut des Auges scharf zu stellen.

Die wichtigsten Bestandteile einer Brille sind:

1. Brillengläser: Die Brillengläser bestehen aus transparentem Material, wie Glas oder Kunststoff, und haben eine spezifische Krümmung, die das Licht bündelt und bricht. Je nach Art der Fehlsichtigkeit werden konkave (nach innen gewölbte) oder konvexe (nach außen gewölbte) Gläser verwendet.

   - Kurzsichtigkeit: Bei Kurzsichtigkeit werden konkave Gläser verwendet, um das einfallende Licht zu divergieren und das Bild auf der Netzhaut zu fokussieren.

   - Weitsichtigkeit: Bei Weitsichtigkeit werden konvexe Gläser verwendet, um das einfallende Licht zu konvergieren und das Bild auf der Netzhaut zu fokussieren.

   - Astigmatismus: Bei Astigmatismus werden zylindrische Gläser verwendet, um die unterschiedlichen Krümmungen der Hornhaut auszugleichen und das Bild zu korrigieren.

2. Brillengestell: Das Brillengestell ist die strukturelle Komponente der Brille, die die Gläser hält und auf der Nase und den Ohren des Trägers ruht. Es gibt verschiedene Arten von Gestellen, wie z.B. Vollrandgestelle, Halbrandgestelle und randlose Gestelle.

3. Nasenpads und Bügel: Nasenpads befinden sich auf dem Brillengestell und sorgen für einen bequemen Sitz auf der Nase. Die Bügel passen sich den Ohren an und halten die Brille sicher auf dem Gesicht.

Wenn eine Brille getragen wird, wirken die Brillengläser als optische Linsen, die das Licht brechen und korrigieren.

Indem sie das Licht richtig auf die Netzhaut fokussieren, ermöglichen sie dem Auge, ein scharfes Bild zu sehen.

Es ist wichtig anzumerken, dass Brillen individuell angepasst werden sollten, um die spezifischen Bedürfnisse jedes einzelnen Trägers zu erfüllen. Eine Augenuntersuchung durch einen Augenarzt oder Optiker ist entscheidend, um die richtigen Brillengläser und das passende Gestell auszuwählen.

96. Warum können Bäume so hoch wachsen?

Bäume sind erstaunliche Organismen, die in der Lage sind, beeindruckende Höhen zu erreichen. Ihre Fähigkeit, hoch zu wachsen, beruht auf einer Kombination von anatomischen und physiologischen Merkmalen. Die Hauptfaktoren, die das Höhenwachstum von Bäumen ermöglichen, sind:

1. Stamm und Rinde: Der Stamm einer Baumart ist in der Regel robust und stark genug, um das Gewicht des gesamten Baums zu tragen. Er besteht aus speziellen Zellschichten, die für Festigkeit und Flexibilität sorgen. Die Rinde des Baumes schützt den Stamm vor Verletzungen und Krankheiten.

2. Wurzelsystem: Das Wurzelsystem eines Baumes erstreckt sich tief in den Boden und bietet Stabilität und Nährstoffversorgung. Es besteht aus starken Wurzeln, die den Baum im Boden verankern und Wasser und Nährstoffe aus dem Boden aufnehmen.

3. Xylem und Phloem: Bäume haben ein spezialisiertes Gewebe namens Xylem, das Wasser und Nährstoffe aus den Wurzeln in die Blätter transportiert. Das Phloem ist ein Gewebe, das organische Verbindungen, wie Zucker, durch den Baum transportiert. Diese Gewebe ermöglichen den Transport von Wasser, Nährstoffen und Assimilaten über große Entfernungen im Baum.

4. Photosynthese: Bäume sind in der Lage, Photosynthese durchzuführen, einen Prozess, bei dem sie Sonnenlicht in Energie umwandeln. Die Blätter eines Baumes enthalten Chlorophyll, das Licht einfängt und dabei hilft, Zucker und andere organische Verbindungen zu produzieren. Diese Energie treibt das Wachstum und die Entwicklung des Baumes an.

5. Anpassungsfähigkeit: Bäume haben im Laufe der Evolution verschiedene Anpassungen entwickelt, um den Umweltbedingungen gerecht zu werden. Dies umfasst Merkmale wie Höhenwachstum, Flexibilität gegenüber Windböen, Dürretoleranz und Kältebeständigkeit.

Es ist wichtig anzumerken, dass die Höhe, die ein Baum erreichen kann, von mehreren Faktoren abhängt, wie beispielsweise der Baumart, den Wachstumsbedingungen, dem Klima und anderen Umweltfaktoren.

97. Woher kommen die Polarlichter?

Polarlichter, auch als Aurora borealis (Nordlicht) und Aurora australis (Südlicht) bekannt, sind ein beeindruckendes atmosphärisches Phänomen, das in den Polarregionen der Erde auftritt. Sie entstehen durch Wechselwirkungen zwischen geladenen Teilchen und der Magnetosphäre der Erde. Die Polarlichter entstehen in der Nähe der Polargebiete, da die Erde dort ein starkes Magnetfeld besitzt. Wenn die Sonne geladene Teilchen, wie Elektronen und Protonen, in den Weltraum schleudert, entstehen sogenannte Sonnenwinde. Diese Sonnenwinde erreichen auch die Erde und treffen auf die Magnetosphäre, die das Magnetfeld der Erde umgibt. Wenn die geladenen Teilchen der Sonnenwinde in die Magnetosphäre eindringen, werden sie entlang der Magnetfeldlinien zur Erde hinabgelenkt. Diese Teilchen reagieren mit den Atomen und Molekülen in der Erdatmosphäre, insbesondere mit Sauerstoff und Stickstoff. Diese Wechselwirkungen zwischen den geladenen Teilchen und den atmosphärischen Molekülen führen zur Emission von Licht. Die verschiedenen Farben der Polarlichter entstehen durch die unterschiedlichen Höhen, in denen die Wechselwirkungen stattfinden, und die Art der beteiligten Moleküle. In den Polarregionen, wo die Magnetfeldlinien senkrecht auf die Erdoberfläche treffen, können die Polarlichter beobachtet werden. In der Nordhalbkugel werden sie als Aurora borealis bezeichnet, während sie in der Südhalbkugel als Aurora australis bekannt sind. Die Polarlichter sind ein faszinierendes Naturphänomen und werden oft von Menschen in den Polarregionen oder während spezieller Reisen beobachtet.

98. Warum können Adler so gut sehen?

Adler sind bekannt für ihr außergewöhnliches Sehvermögen und ihre Fähigkeit, Details aus großer Entfernung zu erkennen. Ihre ausgezeichnete Sehfähigkeit beruht auf einer Kombination von anatomischen und physiologischen Merkmalen.

Einige Gründe, warum Adler so gut sehen können, sind:

1. Augenbau: Adler haben große Augen im Verhältnis zu ihrer Körpergröße. Diese großen Augen ermöglichen es ihnen, mehr Licht einzufangen und eine größere Bildauflösung zu erzeugen.

2. Sehzentren im Gehirn: Das Gehirn von Adlern ist besonders gut darin, visuelle Informationen zu verarbeiten. Die Sehzentren im Gehirn sind hoch entwickelt und ermöglichen es ihnen, Bilder schnell und präzise zu interpretieren.

3. Hohe Anzahl an Zapfen: Adler haben eine hohe Anzahl an Zapfen, den Fotorezeptoren in der Netzhaut, die für die Wahrnehmung von Farben und Details verantwortlich sind. Diese hohe Dichte an Zapfen ermöglicht es ihnen, feine Details und Farbnuancen wahrzunehmen.

4. Tapetum lucidum: Adler haben ein reflektierendes Gewebe namens Tapetum lucidum hinter ihrer Netzhaut. Dieses Gewebe verstärkt das einfallende Licht und erhöht so die Helligkeit des Bildes. Dadurch können Adler auch bei schlechten Lichtverhältnissen gut sehen.

5. Weitwinkelblick: Adler haben einen breiten Sichtbereich, der es ihnen ermöglicht, ihre Umgebung

umfassend zu erfassen. Sie haben auch eine hohe Anzahl an Ganglienzellen in der Netzhaut, die für die periphere Sicht verantwortlich sind.

Die Kombination dieser Faktoren ermöglicht es Adlern, kleine Beutetiere aus großer Entfernung zu erkennen und erfolgreich zu jagen. Ihr ausgezeichnetes Sehvermögen ist entscheidend für ihr Überleben und ihre Anpassung an ihre ökologische Nische als Raubvögel.

99. Wie entsteht ein Tornado?

Ein Tornado ist eine zerstörerische und gefährliche Wettersingularität, die sich als rotierende Luftsäule entwickelt und den Boden berührt. Tornados entstehen in Zusammenhang mit gewitterartigen Wetterbedingungen und erfordern bestimmte atmosphärische Bedingungen, um sich zu bilden.

Die Entstehung eines Tornados beinhaltet normalerweise die folgenden Schritte:

1. Atmosphärische Instabilität: Tornados bilden sich normalerweise in Gebieten mit instabiler Atmosphäre, in denen es zu einer starken vertikalen Bewegung der Luftmasse kommt. Dies tritt häufig in Verbindung mit einer Kaltfront oder einer warmen, feuchten Luftmasse auf.

2. Scherung der Windgeschwindigkeit und -richtung: Eine wesentliche Voraussetzung für die Bildung eines Tornados ist eine ausgeprägte Scherung der Windgeschwindigkeit und -richtung in der Atmosphäre. Dies bedeutet, dass der

Wind mit der Höhe zunimmt und sich gleichzeitig in Richtung und Geschwindigkeit ändert. Diese Scherung bewirkt eine Drehung der horizontalen Luftströmung.

3. Superzelle: Tornados entstehen normalerweise in Verbindung mit sogenannten Superzellen, die große, langanhaltende Gewitterstürme sind. Superzellen zeichnen sich durch eine starke vertikale Aufwärtsbewegung der Luft, rotierende Updrafts und einen klar definierten Aufwindbereich aus.

4. Mesozyklon: Innerhalb einer Superzelle bildet sich ein rotierendes Aufwindgebiet, das als Mesozyklon bezeichnet wird. Dieser Rotationsbereich erstreckt sich vertikal entlang einer sogenannten Mesozyklonen-Ebene und ist der Vorläufer eines möglichen Tornados.

5. Tornado-Bildung: Wenn die richtigen Bedingungen gegeben sind, kann sich innerhalb des Mesozyklons ein Tornado entwickeln. Die genauen Mechanismen der Tornado-Bildung sind noch Gegenstand intensiver Forschung, aber es wird angenommen, dass die vorhandene Rotationsenergie verstärkt wird und sich eine Verengung und Vertikalisierung der rotierenden Luftsäule vollzieht.

Es ist wichtig anzumerken, dass Tornados sehr dynamisch und schwer vorherzusagen sind. Wissenschaftler arbeiten kontinuierlich daran, die Entstehung und das Verhalten von Tornados besser zu verstehen, um Vorhersagemodelle und Frühwarnsysteme zu verbessern.

100. Warum müssen wir unsere Träume verfolgen?

Das Verfolgen unserer Träume und Ziele ist für unser persönliches Wachstum und unsere Zufriedenheit von großer Bedeutung. Hier sind einige Gründe, warum es wichtig ist, unsere Träume zu verfolgen:

1. Erfüllung: Das Verfolgen unserer Träume ermöglicht es uns, ein erfülltes Leben zu führen. Indem wir unseren Leidenschaften folgen und uns auf das konzentrieren, was uns wirklich am Herzen liegt, können wir ein Gefühl der Erfüllung und Zufriedenheit erreichen.

2. Persönliches Wachstum: Das Verfolgen unserer Träume erfordert oft persönliches Wachstum und Selbstentwicklung. Es fordert uns heraus, aus unserer Komfortzone herauszutreten, neue Fähigkeiten zu erlernen und Hindernisse zu überwinden. Dadurch können wir uns weiterentwickeln, unsere Grenzen erweitern und unsere Stärken entdecken.

3. Sinnhaftigkeit: Träume zu verfolgen gibt unserem Leben einen Sinn und eine Richtung. Es verleiht unseren Handlungen und Entscheidungen eine Bedeutung und hilft uns, einen Zweck in unserem Tun zu sehen. Dies kann uns Motivation und Antrieb geben, unsere Träume zu verwirklichen.

4. Inspiration für andere: Wenn wir unsere Träume verfolgen und erfolgreich sind, können wir andere inspirieren und ermutigen, dasselbe zu tun. Indem wir unsere Leidenschaft und Entschlossenheit zeigen, können

wir positive Auswirkungen auf unser Umfeld haben und andere dazu ermutigen, ihren eigenen Träumen zu folgen.

5. Keine Reue: Das Verfolgen unserer Träume ermöglicht es uns, später im Leben keine Reue zu empfinden. Es eröffnet uns die Möglichkeit, unsere Potenziale auszuschöpfen und unsere Ziele zu erreichen. Indem wir unsere Träume verfolgen, können wir stolz auf uns selbst zurückblicken und wissen, dass wir unser Bestes gegeben haben, um unsere Ziele zu erreichen.

Es ist wichtig anzumerken, dass das Verfolgen unserer Träume nicht immer einfach ist und Hindernisse auf dem Weg liegen können. Dennoch ist es eine lohnende Reise, die uns persönlich und emotional bereichern kann.

www.ingramcontent.com/pod-product-compliance
Lightning Source LLC
Chambersburg PA
CBHW070303220526
45465CB00004B/1727